수학을 알면 다르게 보인다

류현아 지음

KYOWOO

류 현 아

건국대학교 대학원 수학교육학 박사

진주교육대학교 수학교육과 교수

수학을 알면 다르게 보인다

2017년 4월 05일 초판 인쇄
2017년 4월 10일 초판 발행

저 자 • 류현아
발행자 • 오판근
발행처 • (주) 교 우

주 소 • 서울특별시 동대문구 약령시로 8 교우빌딩 2층
전 화 • 925-2861~2, 편집부 / 925-2825, 홈쇼핑 / 969-5762
팩 스 • 925-2860
E-mail • kyowoo@kyowoo.co.kr
홈페이지 • http://www.kyowoo.co.kr
북스토어(쇼핑몰) • http://www.kyowoo.co.kr

등록 / 1994. 3. 24 제1994-000013호

ISBN 979-11-251-0200-7 (43410)

값 **15,000**원

수학을 알면 다르게 보인다

머리말

수학은 세상 만물을 논리적으로 이해할 수 있는 언어이며 기술과 산업의 발전을 이끌 수 있는 도구라 해도 과언이 아니다. 우리 주변을 살펴보면 수학이 쓰이지 않은 곳을 찾기 어려울 만큼 곳곳에 수학이 스며들어 있다. 일상에서 당연하게 받아들이는 소소한 것에도 알고 보면 수학이 중요한 역할을 하고 있음을 알 수 있다. 그래서 수학은 현대인의 생활의 일부이면서 필수교양이 되어가고 있다.

수학은 가볍게 즐기는 놀이에서도 유용하게 쓰이고, 영화나 애니메이션을 만들 때에도 적용된다. 또 스포츠에서 좋은 기록을 낼 수 있는 방법을 수학에서 찾을 수 있고, 의학에서도 치료를 최적화하기 위해 수학이 적용된다. 뿐만 아니라 수학은 그 자체로서 신비로움을 갖고 있어 예측할 수 없는 자연 현상을 설명해주기도 하고 아름다운 소리를 만들어내기도 한다.

이 글은 필자가 2014년 대구일보에 연재했던 글을 보완하고 내용을 추가하여 4가지 주제로 구성한 것이다. 이 책을 읽으면서 실용적인 수학, 논리적인 수학, 신비로운 수학 등을 경험할 것이며 이를 통해 세상을 바라보는 수학적 안목이 생길 수 있을 것이라 믿는다.

이 책은 중 · 고등학생들로 하여금 여러 분야에 수학이 중요하게 쓰임을 알게 하고, 수학에 대한 흥미를 갖게 할 수 있을 것이다. 또한 대학에서 교양으로서 수학적 지식을 습득하는데 유용하게 사용될 수 있을 것이다. 이 책을 읽다가 혹시라도 어려운 수학 내용이 나오면 가볍게 지나쳐도 좋다. 어려운 수학 내용에 지체하는 것 보다는 수학의 중요성을 알고 왜 수학을 공부해야 하는지 깨닫는 것이 더 중요할 것이다.

끝으로 이 글을 시작하는데 도움을 준 대구일보 관계자들과 책의 편집 및 출판에 도움을 준 교우사 관계자들께 감사드린다.

2017. 3.

저자 씀

차례

I 수학을 알면 편리하다

II 수학을 알면 이긴다

Ⅲ 수학을 알면 신비롭다

Ⅳ 수학을 알면 다르게 보인다

I

수학을 알면 편리하다

chapter
01 절약을 위한 A4 용지의 비밀

황금비는 고대 그리스시대부터 가장 안정적이고 아름다운 느낌을 주는 비로 인식되어 왔다. '선분을 둘로 나누었을 때, 짧은 부분과 긴 부분의 길이의 비가 긴 부분과 원래 선분의 길이의 비와 똑같아지는 경우'이다. 즉 그림과 같이 하나의 선분 AB 위에 한 점 P를 잡을 때 AP:PB=PB:AB를 만족하면 선분 AB는 점 P에 의해 황금분할되었다고 한다. 비례식 $1 : x = x : (1+x)$을 풀면 $x^2 - x - 1 = 0$이고 $x = 1.618 \ldots$이다. 그래서 1:1.618을 황금비라 한다.

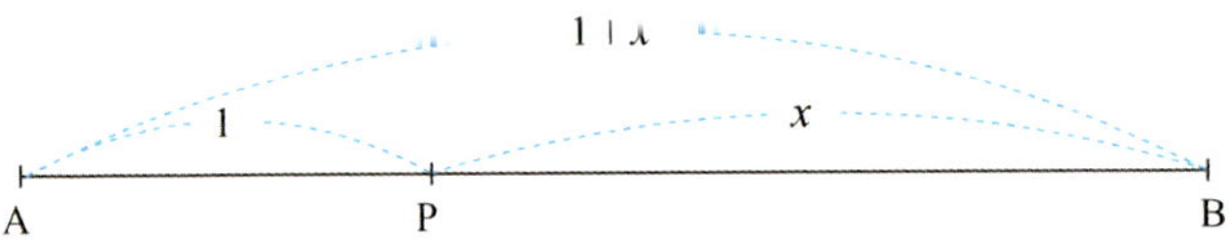

우리 주변에 황금비를 이루는 것은 어떤 것이 있을까? 학교나 회사 등에서 많이 사용되고 있는 A4 용지는 황금비일까? A4 용지의 규격은 210mm×297mm이고, 그 비는 210:297=1:1.41428…이다. 확실히 황금비는 아니다. 간단하게 200mm×300mm으로 하면 만들기 더 편했을 텐데 왜 이런 규격으로 정했을까?

A4 용지는 A3의 절반이고, A3는 A2의 절반이다. 이와 같이 A판 용지는 처음 전지(A0)에서 반씩 잘라서 만들어진다. 절반을 자르고 또 자르면 길이는 달라져도 원래의 비율은 그대로 유지된다. 만약 A4 용지의 규격을 200mm×300mm으로 하면 그 길이 비는 1:1.5가 된다. 용지를 절반

으로 자르면 200mm×150mm이 되고, 그 길이 비는 1:1.333…이 되어 닮은꼴이 만들어지지 않는다. 닮은꼴로 만들려면 일정 부분을 잘라 버려야 한다. 직사각형 용지를 길이가 긴 쪽의 변을 반으로 잘랐을 때 처음 종이와 닮은꼴이 되도록 만드는 이유는 용지들을 확대 또는 축소하는 경우 잘라 버리는 낭비를 막을 수 있기 때문이다.

그림과 같이 용지의 짧은 쪽을 1, 긴 쪽을 x로 놓자. 짧은 쪽과 긴 쪽의 길이 비는 $1:x$이다. 절반으로 자를 때 만들어지는 용지의 짧은 쪽과 긴 쪽의 비는 $\frac{x}{2}:1$이다. 두 비율을 같게 해야 하므로 $1:x=\frac{x}{2}:1$이고, 정리하면 $x^2=2$이므로 $x=\sqrt{2}\,(1.41421356\cdots)$이다.

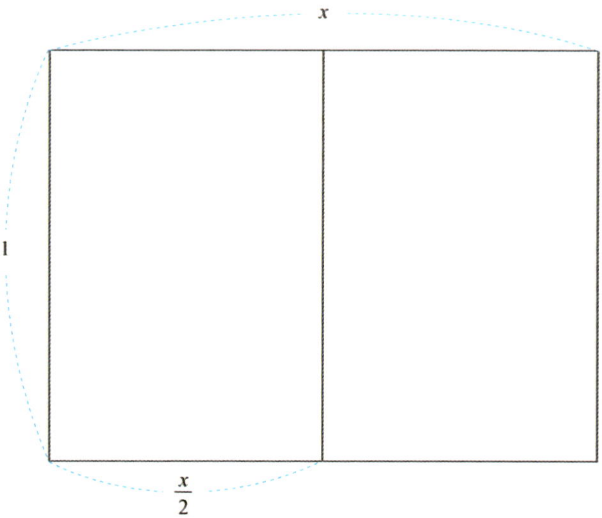

이와 같이 용지의 낭비를 줄이기 위해 $1:\sqrt{2}$의 비율로 독일 공업규격위원회(Deutsche Industrie Normen)가 용지의 규격을 정하였다. A4 용지의 전지인 A0의 규격은 1189㎜×841㎜이고 넓이는 999949㎟으로 약 1000000㎟이다. 즉, A0는 폭에 대한 길이의 비가 $\sqrt{2}$이고 넓이는 1㎡

가 되도록 만든 종이이다. 이를 절반으로 자르는 과정에서 A1, A2, A3, A4 등의 A판 용지가 만들어진다.

B4와 B5 용지도 많이 사용되는데, A판과 같은 원리로 만들어진다. 전지 B0은 넓이가 1.5㎡가 되도록 규격을 1,456㎜×1,030㎜로 정했다. 이를 절반으로 자르는 과정에서 B1, B2, B3, B4, B5 등의 B판 용지가 만들어진다.

이와 같이 A판과 B판의 모든 용지는 각각 폭에 대한 길이의 비가 $\sqrt{2}$로 모두 닮은꼴이고, 또 A판에 대한 B판의 비율은 $\sqrt{1.5}$이기 때문에 적절한 비율로 확대하거나 축소해서 다른 용지에 복사할 수 있다.

A판이나 B판의 폭과 길이의 비는 비록 우리 눈에 가장 아름답게 보인다는 황금비는 아니지만 경제성을 고려해서 수학적으로 만들어진 황금비인 셈이다.

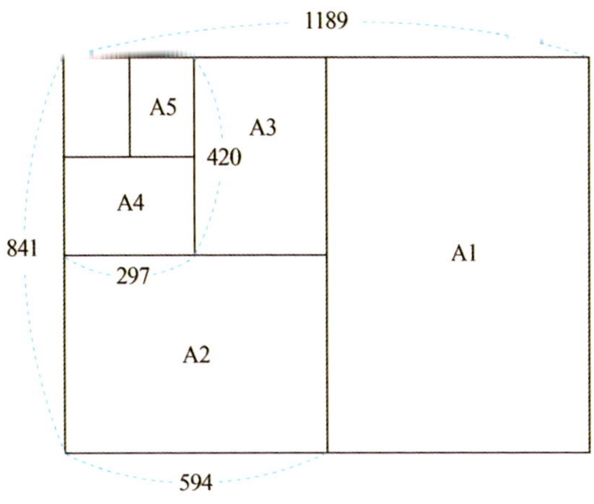

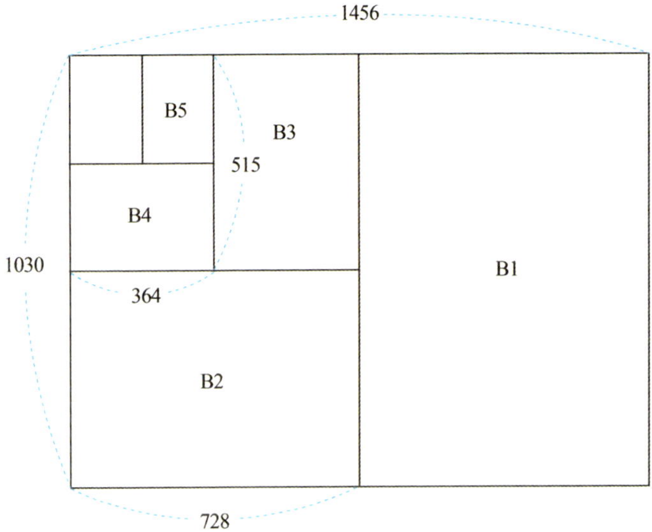

생각하기 1

A4 용지에 대한 B4 용지의 비를 구하고, 복사기를 이용하여 A4를 B4로 확대할 때 몇 %의 비율로 지정해야 하는지 구하시오.

chapter

02 효과적인 경로 찾기

'최소의 경비로 원하는 길을 모두 한 번씩 지나려면 어떤 경로로 여행해야 할까?' 휴가철 배낭여행을 계획하고 있다면 한 번쯤은 고민할만한 문제이다. 이 문제에는 그래프 이론이 적용된다. 그래프 이론의 역사는 1736년 쾨니히스베르크 도시의 다리건너기 문제에서 시작되었다.

유명한 철학자 칸트의 고향인 독일의 쾨니히스베르크에는 프레겔 강이 흐른다. 이 강은 도시의 두 섬을 주위로 흐르고 있었으며 다리는 강둑으로부터 두 개의 섬을 연결하고 있고, 두 섬을 또 다른 다리가 연결하고 있었다. 즉 그림과 같이 프레겔 강으로 인해 4개 지역(A, B, C, D)으로 나누어지고, 이 지역들을 잇는 7개의 다리가 놓여 있었다. '같은 다리를 두 번 건너지 않고 모든 다리를 한 번씩만 건너서 제자리로 돌아올 수 있을까?' 도시 사람들은 그렇게 건너가 보려고 시도했지만 단 한사람도 성공하지 못하였다. 이는 쾨니히스베르크에서 오랫동안 풀리지 않는 문제였다.

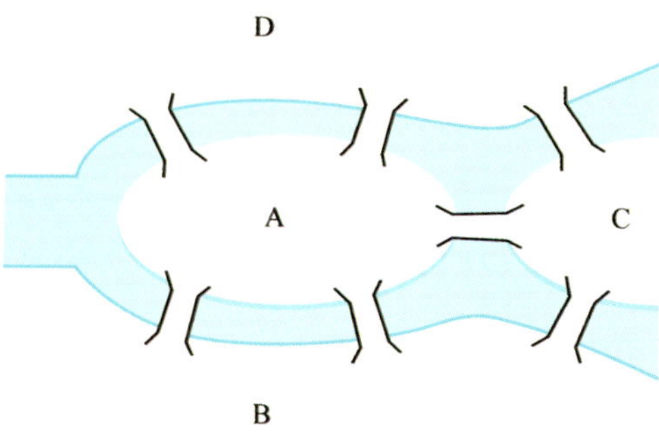

이 문제는 다리의 모양이나 땅의 넓이와는 관계없이 육지가 다리에 의해 어떻게 연결되어 있는지가 중요하다. 당시 한쪽 눈의 시력을 잃었던 수학자 오일러(Leonhard Euler, 1707~1783)는 실세계의 땅과 다리를 추상적인 형태로 수학적으로 옮겨놓았다. 그는 직접 다리를 건너지 않고, 단지 다리는 선으로, 땅은 점으로 그려놓고 문제의 해답을 찾을 수 있었다. 당시 오일러는 라이프니츠의 위치기하학[1)]이 필요하다라는 힌트로부터 쾨니히스베르크의 다리 문제를 고찰했다고 한다. 이 연구가 현대 그래프 이론의 출발점이라 할 수 있다.

그럼 쾨니히스베르크 다리 문제를 생각해보자. 앞의 그림에서 네 개의 지역을 각각 점 A, B, C, D라 하고, 7개의 다리를 점 A, B, C, D를 연결하는 선으로 하여 도형을 그리면 다음과 같다.

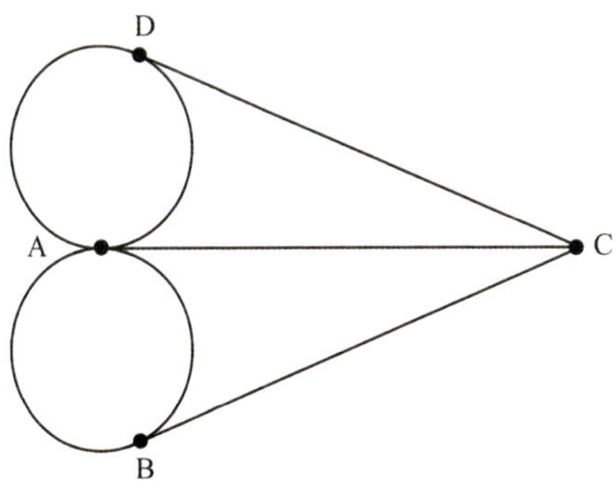

모든 다리를 단지 한 번씩만 지나는 길을 찾아야 한다는 것은 한 도시로 들어올 때 지나온 다리를 그 도시를 떠날 때는 지나지 말아야 한다는 것이다. 즉 그 도시를 떠날 때는 다른 다리가 있어야 한다는 것이다. 점과 선분으로 말하면 한 선분을 따라 어떤 점으로 들어오면 다른 선분으

1) 위치만을 대상으로 하는 것을 위치기하학이라 한다.

로 나갈 수 있어야 한다는 의미이다. 다시 말해 한 점으로부터 나오는 선의 수가 짝수이어야 한다. (한 점으로부터 짝수 개의 선이 나와 있는 것을 짝수점, 홀수 개의 선이 나와 있는 것을 홀수점이라 하자.) 만약 홀수점이 있다면 그 점에서 출발하여 다시 돌아가지 말아야 하며, 그렇게 되면 마지막에 도착하는 홀수점이 있으면 될 것이다. 즉 홀수점이 2개이면 모든 선을 지날 수 있게 된다.

정리하면, 붓을 한 번도 종이 위에서 떼지 않고 같은 선을 두 번 지나지 않으면서 어떤 도형을 그릴 수 있느냐 하는 문제를 한붓그리기라 하며, 필요충분조건은 홀수점이 0개(모든 점이 짝수점)이거나 또는 홀수점이 2개인 도형이다.

이제 쾨니히스베르크 다리 문제가 풀렸을 것이다. 점 A에 연결된 선은 5개, 점 B, C, D에 연결된 선은 각각 3개씩이므로 네 점이 모두 홀수점이다. 이와 같이 짝수점이 없다면 한 점에서 출발하여 같은 점으로 돌아오는 것은 불가능하다. 또 중간에 홀수점으로 들어가면 나오는 선이 없으므로 같은 다리를 두 번 건너지 않고 모든 다리를 한 번씩만 건너서 제자리로 돌아올 수 없다.

오일러가 쾨니히스베르크 다리 문제를 풀면서 오일러의 정리를 발표한 이후, 영국의 수학자 해밀턴에 의해 정십이면체의 각 점을 세계의 도시로 하고 점들을 잇는 각각의 모서리는 여행로라 할 때, 도시들을 한 번씩만 여행하는 세계 여행 코스를 찾아내라는 '해밀턴의 문제'가 제시되었다. 이것은 여행시간이나 경비를 고려할 때 여행가들이 직면하는 문제가 될 것이다. 그래프 이론은 일상생활에서 또 다양한 분야에서 적용되고 있다. 예를 들어 한 우체부가 어느 지역에서 모든 길들을 따라 우편

물을 배달한 다음 우체국으로 되돌아 오려고 할 때 총 거리가 최소가 되도록 하려면 어떻게 해야 할까? 만약 그 지역의 지도가 한붓그리기가 가능하다면 어려움이 없겠지만 한붓그리기가 가능하지 않다면 어떤 장소는 한 번 이상 방문해야 하고 움직이는 거리의 총 합이 최소가 되도록 계획해야 할 것이다. 실제로 스위스 취리히에서는 눈을 치우는 중요한 문제가 있었다. 눈 치우는 기계를 작동시키는데 많은 비용이 들기 때문에 가능한 한 기계가 지나는 거리를 짧게 하여 경로를 준비해야 할 필요가 있었다. 이 밖에도 그래프 이론은 지하철 노선을 계획할 때, 전기회로망이나 통신망을 설치할 때, 물자 수송을 위한 최적의 경로를 찾을 때 등 다양한 분야에서 적용되고 있다.

생각하기 1

여러 도시를 여행하려고 한다.
'모든 도시를 단 한 번씩만 방문하는 여행이 가능할까?
'도시 사이의 모든 길을 단 한 번씩만 지나는 여행이 가능할까?'

첫 번째 질문은 그래프의 모든 선분을 포함하는 폐순환이 있는지에 관한 문제로, 가능할 때 '오일러 그래프'라 한다. 두 번째 질문은 그래프의 모든 정점을 포함하는 회로가 있는지에 관한 문제이며 가능할 때 '해밀턴 그래프'라고 한다. 다음 그래프들은 오일러 그래프인지 해밀턴 그래프인지 말하시오.

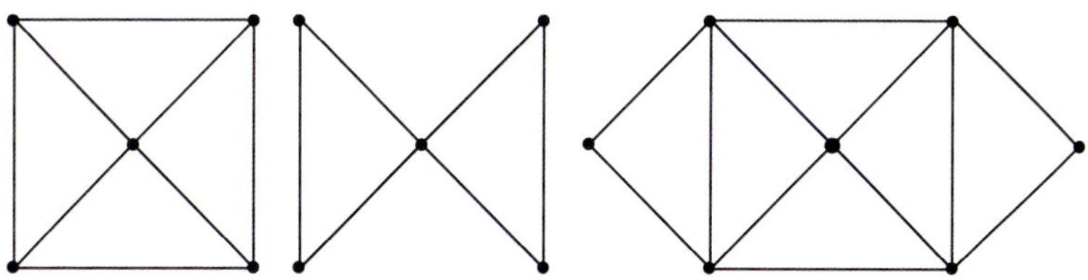

(a) (b) (c)

생각하기 2

다음 그래프 중 한붓그리기가 가능한 것을 찾으시오. 또 한붓그리기 경로를 찾아 그 순서대로 점에 기호를 붙이시오.

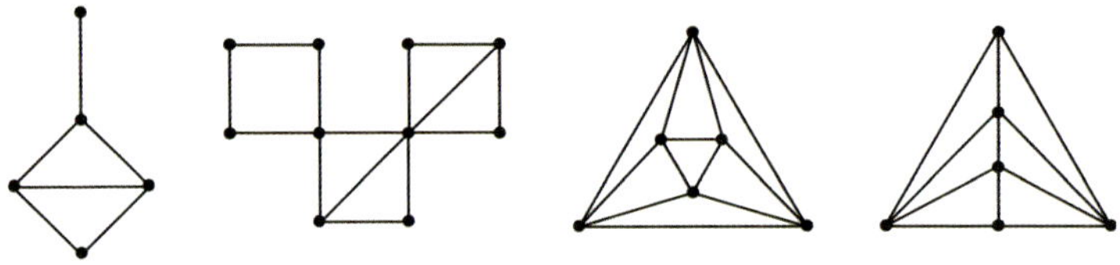

(a) (b) (c) (d)

chapter 03 거리의 합이 최소인 점

최단거리 문제는 우리 실생활에서 자주 접하게 되는 밀접한 관계에 있다. 세 도시간의 정보통신망을 구축하려고 한다. 세 도시를 연결하는 케이블을 설치하는데 비용을 최소화하기 위해 그 길이를 가장 짧게 하려고 한다. 세 도시를 어떻게 연결하면 좋을까? 이러한 문제 상황을 수학적으로 모델링하면 다음과 같다.

'삼각형의 각 꼭짓점으로부터의 거리의 합이 가장 작게 되는 점의 위치는?'

세 도시는 삼각형의 세 꼭짓점에 대응되며 케이블이 교차하는 지점이 찾고자하는 점이 된다. 다시 말해 삼각형 ABC에 대하여 AP+BP+CP가 최소가 되는 점 P를 작도하는 문제로 바꿀 수 있다.

조건을 만족하는 점 P의 위치를 찾아보자. 그림과 같이 삼각형 ABC 내부의 임의의 점 P에 대하여 삼각형 ABP를 점 B를 중심으로 60° 만큼 회전시킬 때, 점 A, P가 이동된 점을 각각 A', P'라 하자.

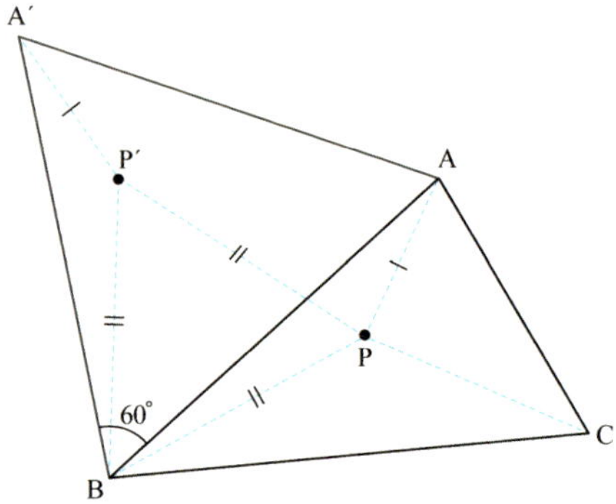

이 때, AP=A'P', BP=BB'이고, 삼각형 BPP'가 정삼각형이므로 P'P=BP이다. 따라서 AP+BP+CP=A'P'+P'P+PC이다. 여기서 AP+BP+CP가 최소가 되기 위해서는 꺾인 선분의 길이 CPP'A'가 최소가 되어야 하므로 네 점 C, P, P', A'가 일직선상에 있어야 하다.

이를 만족하는 점 P는 아래 그림과 같이 삼각형 ABC의 세 변 각각을 한 변으로 하는 정삼각형의 외접원을 그릴 때, 세 외접원의 교점이 된다.

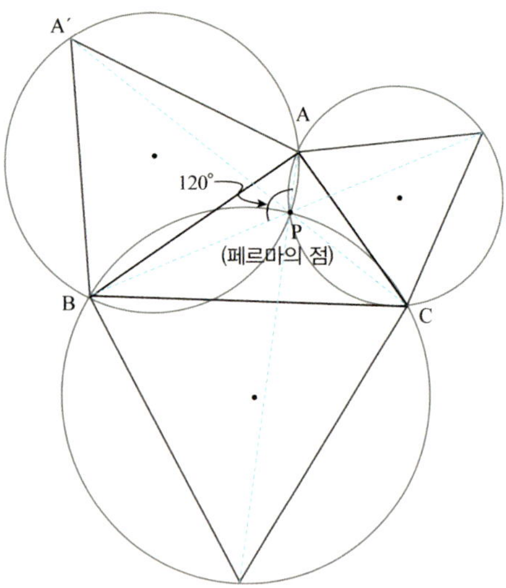

이와 같이 삼각형의 세 꼭짓점으로부터의 거리의 합이 최소인 점을 '페르마의 점'이라 한다. 또한 삼각형의 세 꼭짓점과 페르마의 점을 잇는 세 선분이 이루는 각의 크기는 모두 120°이다.

다시 케이블을 설치하는 문제 상황으로 돌아오면, 세 도시 중간에서 임의의 두 도시를 바라보는 각이 120°가 되는지 점에서 케이블이 교차하도록 설치하면 케이블의 길이를 최소로 할 수 있다.

페르마의 점의 성질을 일반화해서 n각형의 꼭지점 위치에 있는 n개의 점을 연결하는 총 거리가 최단거리가 되도록 연결하는 문제를 수식으로 계산하려면 매우 어렵고 복잡해진다. 그러나 비누막의 표면장력의 성질을 이용하면 쉽게 해결할 수 있다. 이 표면장력의 특징은 최소한의 면적을 갖고 싶어 한다는 것이다. 비눗방울 두 개가 합쳐지면 가운데 만나는 면적은 평면이 된다. 이것도 표면장력 때문이다. 그래서 비누막 또한 형성될 때 가능한 한 공기에 닿는 넓이가 가장 작게 되도록 퍼지는 성질이 있다.

실험을 해보면, 투명한 두 장의 아크릴판 사이에 세 개의 짧은 기둥을 세우고 비누용액에 담갔다가 꺼내면 세 기둥에 의해 비누막이 생기는데 여기서 페르마의 점을 볼 수 있다. 이것은 기둥을 연결하는 비누막이 최소한의 넓이를 가지려는 성질 때문이다. 같은 방법의 실험으로 사각형이나 오각형에서도 페르마의 점을 찾아볼 수 있다.

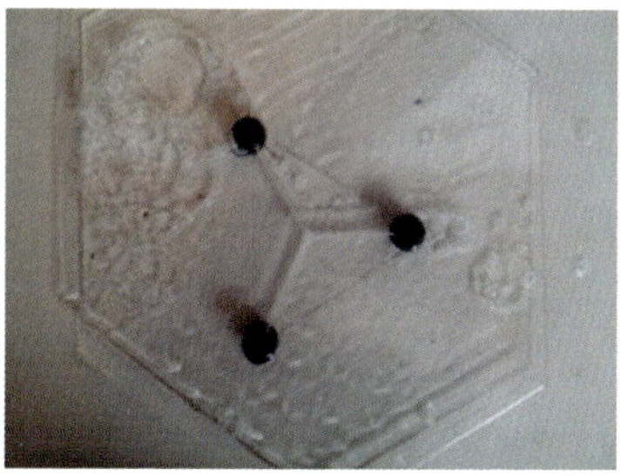

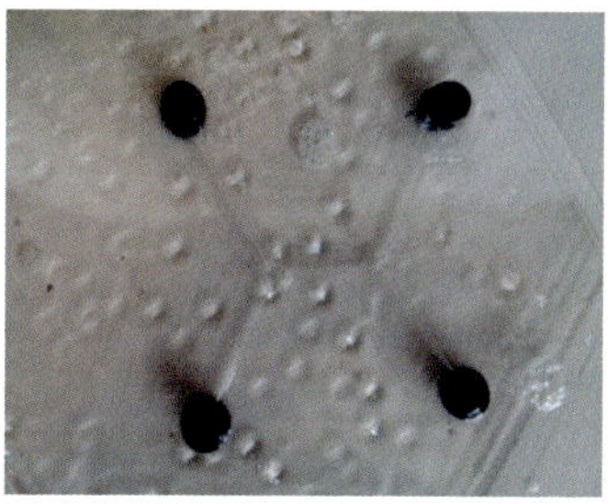

이처럼 수학의 원리로 실생활 문제를 해결할 수도 있고, 과학 실험을 통해 수학을 발견하기도 하며, 수학을 통해 자연을 이해할 수도 있다.

생각하기 1

사각형의 네 꼭지점을 연결할 때 최단거리가 되도록 하는 2개의 연결점을 찾고, 어떻게 찾을 수 있는지 설명하시오.

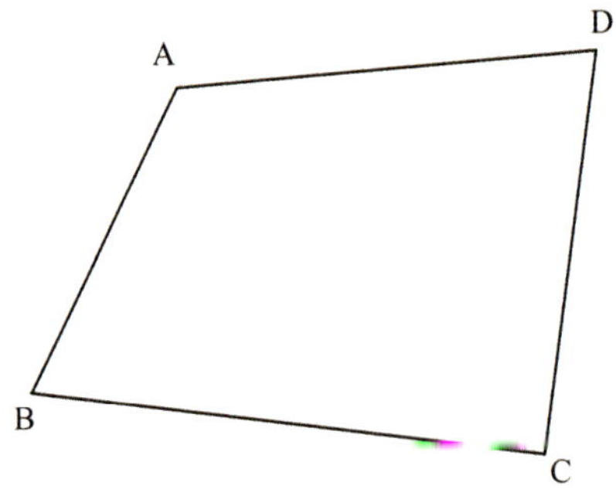

chapter 04 원뿔곡선의 발생과 활용

중 · 고등학교때 배우는 원, 타원, 포물선, 쌍곡선을 모두 원뿔곡선(conic section)이라 한다. 원뿔을 다양한 각도에서 잘랐을 때 생기는 단면에서 얻을 수 있기 때문에 붙여진 이름이다.

아폴로니우스 이전의 그리스인들은 꼭지각이 각각 예각, 직각, 둔각인 세 개의 직원뿔 각각에서 모선과 수직인 평면으로 잘랐을 때 나타나는 단면의 곡선을 생각했다. 이때 당시 하나의 원뿔을 이용하여 곡선을 만들었기 때문에 쌍곡선이 지금과 같이 곡선 2개로 이루어지지 않고 1개의 곡선으로만 존재하는 것으로 알았다.

이후 아폴로니우스가 하나의 원뿔에서 절단면의 기울기를 변화시켜서 세 종류의 원뿔곡선을 모두 만들 수 있음을 보였다. 여기서 원뿔은 반드시 직원뿔일 필요 없이 기울어진 원뿔에서도 마찬가지로 만들어진다. 원뿔의 밑면과 모선이 이루는 각을 α라 하고 원뿔의 밑면과 단면이 이루는 각을 θ라 할 때, $\alpha > \theta$이면 타원, $\alpha = \theta$이면 포물선, $\alpha < \theta$이면 쌍곡선을 만들 수 있다.

한편, 아폴로니우스는 원뿔을 '길이가 무한한 직선이 어떤 정점을 지나며 그 점과 같은 평면 위에 있지 않은 원 둘레 위의 모든 점을 지나면서 움직일 때, 그 직선의 자취는 이중 원뿔이 된다'로 정의하였다. 이에 따라 똑같은 원뿔 두 개를 꼭짓점을 맞대고 한 직선위에 축을 놓음으로써 쌍곡선은 오늘날과 같은 두 갈래 곡선이 되었다.

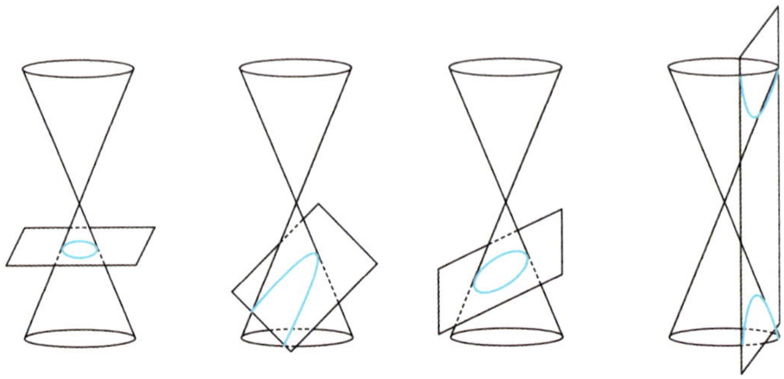

타원, 포물선, 쌍곡선이라는 이름은 아폴로니우스가 만든 것으로 피타고라스 학파가 면적에 대해 사용한 용어로부터 온 것이다. 피타고라스 학파는 직사각형을 한 선분 위에 갖다 댈 때, 갖다 댄 직사각형의 한 변이 선분보다 짧으냐, 일치하느냐, 길으냐에 따라 변을 각각 'ellipsis'(부족하다), 'parabole'(일치하다), 'hyperbole'(초과하다)의 경우라고 말하였다

이는 피타고라스 학파가 면적을 이용하여 이차방정식의 해를 구하는 과정에서 사용한 용어로 그림으로 표현하면 다음과 같다.

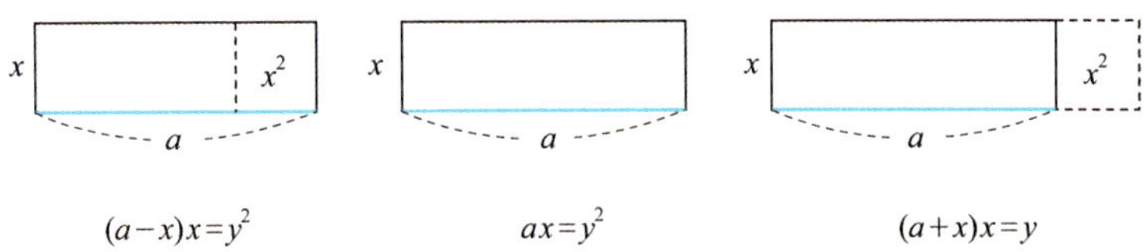

이것을 현대적인 식으로 표현하면 직사각형의 넓이를 y라 할 때, 각각 $(a-x)x=y^2$, $ax=y^2$, $(a+x)x=y$이다. x^2만큼 부족한 경우 $(a-x)x=y^2$을 전개하면 $\left(x-\frac{a}{2}\right)^2+y^2=\left(\frac{a}{2}\right)^2$ 으로 타원의 방정식이다. 또, $ax=y^2$는 포물선의 방정식이고, x^2만큼 초과한 경우

$(a+x)x=y$을 전개하면 $\left(x-\frac{a}{2}\right)^2-y^2=\left(\frac{a}{2}\right)^2$ 으로 쌍곡선의 방정식이 된다.

원뿔곡선의 성질은 여러 분야에서 응용되고 있다. 포물선, 타원, 쌍곡선 각각이 활용된 경우를 살펴보자.

○ 포물선

아파트 베란다 밖에 설치되어 있는 접시모양의 안테나를 흔히 볼 수 있다. 포물선을 회전시킨 포물면 모양으로 되어 있기 때문에 파라볼라 안테나라고 불린다. 아래 그림과 같이 포물선의 축과 나란하게 들어온 빛은 포물선에서 반사되어 모두 초점(F)을 향하게 되는데 이 성질을 적용하여 인공위성에서 보내는 약한 전파를 한 곳으로 모아 강한 신호로 만드는 것이다. 또한 반대로 포물선의 초점에서 빛을 내보내면 포물선에 반사되어 포물선의 축에 평행하게 멀리 잘 뻗어나갈 수 있기 때문에 손전등, 자동차의 전조등에서 이용되고 있다.

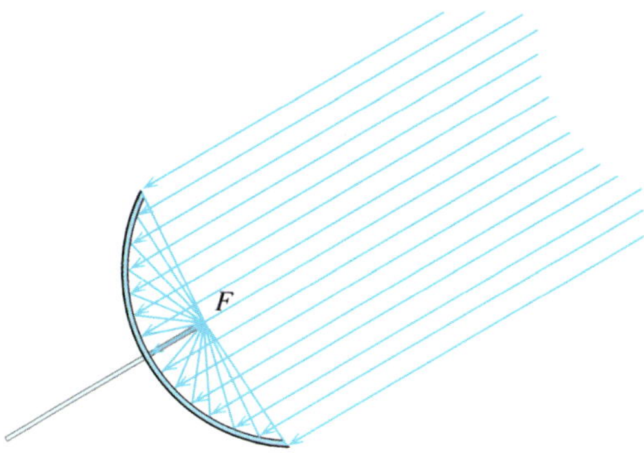

파라볼라 안테나의 전파 경로

○ 타원

타원은 아래 그림과 같이 타원의 한 초점(F′)에서 나온 빛은 타원에 반사되어 또 다른 초점(F)으로 향하는 성질을 갖는다.

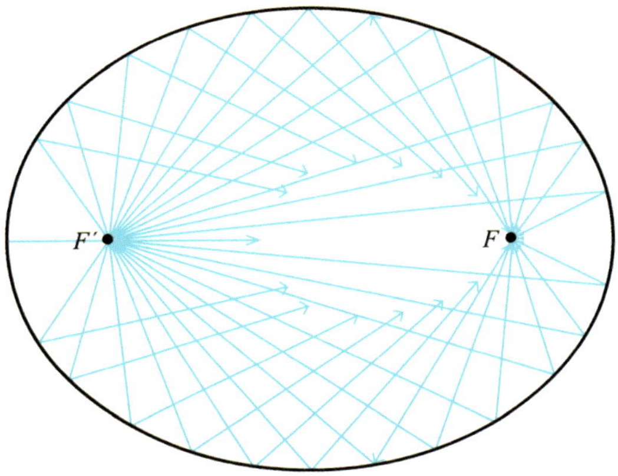

이러한 타원의 성질은 신장 결석을 치료하는 결석 파쇄기에 응용된다고 한다. 타원형 공간 안에 환자의 콩팥이 타원의 한 초점에 위치하도록 환자를 눕혀놓고, 다른 초점에서 충격파를 내보내면 충격파가 타원면에 반사되어 초점에 위치한 결석에 모인다. 이렇게 해서 신체에 손상을 주지 않고 결석에만 충격을 주어 깨뜨릴 수 있다. 또한 이 성질은 소리에서도 적용되어 재미있는 현상을 만들어 내기도 한다. 영국 런던의 성바오로 대성당은 천장을 타원면으로 만들었기 때문에 한 초점에서 소리를 내면 이 소리가 천장에서 반사된 두 다른 초점에 모이게 된다. 복도 한 곳에서 작은 소리로 속삭이면, 멀리 있는 특정 장소에서는 또렷하게 들리는 것이다. 그래서 '속삭이는 회랑'이라는 별명을 갖고 있다. 이 밖에 터키의 블루모스크, 중국의 천단공원, 미국 국회의사당 등도 타원의 성질을 이용한 건축물로 알려져 있다.

○ 쌍곡선

망망대해를 항해하는 배의 위치는 어떻게 알 수 있을까? 육지가 가까이 있다면 육지의 모양을 보고 배의 위치를 알 수 있다. 하늘의 별을 보거나 나침반을 이용하여 배의 방향을 파악할 수도 있을 것이다. 또한 쌍곡선의 원리를 이용하여 배의 위치를 알 수도 있다. 쌍곡선은 '두 점으로부터의 거리차가 일정한 점의 자취'로 정의된다. 이 원리를 이용하여 두 국으로부터 오는 도달전파의 시간차를 이용하면 배의 위치를 알아낼 수 있는데 이 방법을 '쌍곡선 항법'이라 한다.

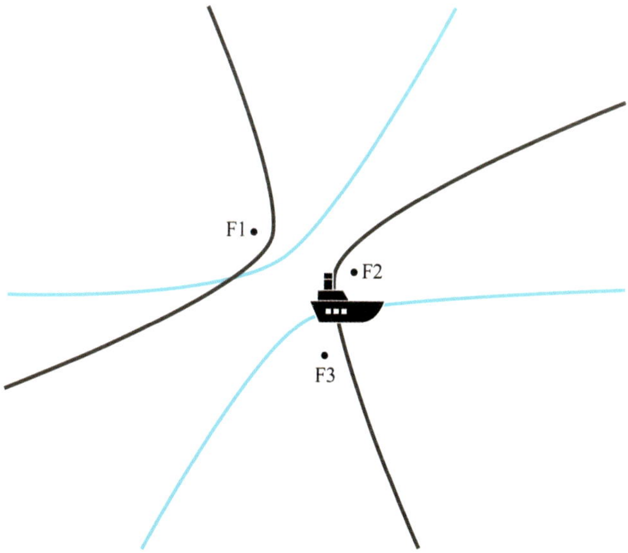

위 그림과 같이 배에서 먼저 정해진 두 지점(F1, F2)으로부터 전파신호를 수진한다고 하면, 전파는 일정한 속도로 이동하므로 두 송신지점으로부터 배에 이르는 거리의 차에 따라서 전파신호가 배에 도달하는 시간의 차가 생길 것이다. 이를 측정하면 거리의 차를 알 수 있다. 두 송

신 지점, 즉 두 초점의 위치와 거리의 차를 알고 있으므로 하나의 쌍곡선(청록색)을 그릴 수 있다. 그러면 배는 이 쌍곡선 위 임의의 점에 위치하게 될 것이다. 만약 송신지점 F2로부터 전파신호가 더 빨리 왔다고 하면 쌍곡선의 두 곡선 중 F2와 가까운 곡선 위에 배가 위치하는 것이라 생각하면 된다. 그 다음 세 번째 송신지점 F3과 F1으로 부터 전파신호의 시간차를 이용하여 또 다른 쌍곡선(회색)을 그린다. 그러면 역시 이 쌍곡선 위 임의의 점에 배가 위치하는 것이므로, 결국 두 쌍곡선의 교점이 바로 배의 위치가 됨을 알 수 있다.

생각하기 1

실생활 및 여러 분야에서 포물선, 타원, 쌍곡선이 활용된 사례를 찾아 그 원리를 설명해 보시오.

chapter

05 지구의 크기

길을 걸으며 우리가 살고 있는 지구가 둥글다는 것을 느껴본 적이 있는가? 아무리 높은 산에 올라가서 사방을 둘러보아도 지구가 둥근 것을 본 사람은 아무도 없을 것이다. 지구가 얼마나 크기에 평평하다고 느끼게 되는 것일까?

고대 그리스인들은 북극성의 높이가 지역에 따라 다르다는 사실 등으로부터 지구가 공처럼 둥글다는 것을 알고 있었다. 그 크기는 월식 때 달에 비치는 지구 그림자의 크기로 보아 달보다 3배정도 더 클 것이라고 생각하였다.

역사상 처음으로 지구의 크기를 측정한 사람은 기원전 3세기 그리스의 수학자 에라토스테네스(Eratosthenes)이다. 수학에 능통한 에라토스테네스는 단지 지면에 막대기를 세워서 햇빛에 의한 그 그림자의 길이를 통해 지구의 크기를 측정하였다. 그 과정을 소개하면 다음과 같다.

에라토스테네스는 책에서 시에네에서 하짓날 정오가 되면 햇빛이 우물 바닥까지 들어간다는 내용을 읽고, 해가 가장 높이 떴을 때 지면과 이루는 각이 90°임을 알게 된다. 자신이 살고 있는 알렉산드리아에서는 그렇지 않음을 보고, 지구는 둥글고 햇빛이 평행하게 들어오기 때문에 이러한 현상이 나타날 수 있다고 생각한다. 그는 거의 동일한 경도 상에 있는 알렉산드리아에서 시에네까지 걸어서 걸리는 시간을 조사하여 평균으로 그 거리를 구한다. 당시 사용하던 거리 단위를 이용하면 약 5,000 스타디아이다. 그 다음 하짓날 정오에 알렉산드리아에서 지면에 수직으로 막대기를 세우고, 막대기 끝과 그림자 끝을 선으로 잇는다고 할 때 막대기와 이루는 각의 크기를 측정한다.

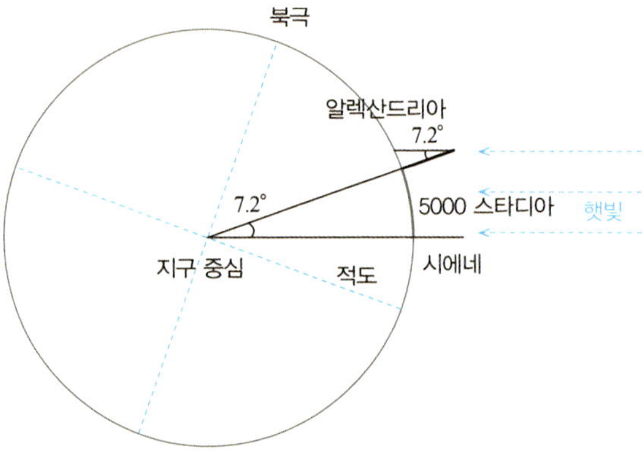

이는 7.2°이다. 햇빛이 평행하게 들어온다고 볼 때 평행선 상에서 동위각의 크기가 서로 같으므로 시에네와 알렉산드리아 사이의 거리는 중심각이 7.2°인 원호가 되는 것이다. 원호의 길이는 중심각의 크기에 비례하므로 다음과 같은 식을 만들 수 있다.

1. 7.2° : 360° = 5,000스타디아 : (지구둘레)

이를 계산하면 지구의 둘레는 250,000스타디아가 나온다. 스타디아는 스타디온의 복수형이며, 스타디온은 고대 그리스에서 사용하던 거리의 단위로 약 185.05m를 말한다. 처음에는 이 거리의 경주를 스타디온이라고 하다가 그 경주를 하는 장소를 스타디움이라고 부르게 되었고, 후에 관람석이 있는 큰 규모의 경기장을 가리키는 말이 되었다.

1스타디아를 185m로 하면 에라토스테네스가 측정한 지구의 둘레는 46,250km가 된다. 오늘날 실제 값은 지구의 적도 둘레는 40,075㎞이고, 극 둘레는 39,940㎞이다. 비교할 때 차이가 큰 것처럼 보이지만 약 10% 정도의 오차밖에 되지 않는다. 수학적 지식에 상상력과 창의적인 생각이 더해져서 거대한 지구의 크기를 앉아서 구한 것이다. 더군다나 기원전 3세기에 막대기와 각도기만으로 이처럼 지구의 크기를 측정한 것은 그야말로 경이로운 일이다.

에라토스테네스는 수학, 천문학뿐만 아니라 철학, 역사학, 지리학 등 매우 다양한 분야의 업적을 남겼다. 그는 비록 만년에 실명하여 스스로 곡기를 끊고 생을 마감하였지만 그 이름은 영원할 것이다.

생각하기 1

에라토스테네스가 지구의 둘레를 측정한 것과 같이 수학은 직접 재어보지 않아도 측정이 가능하다. 다음 그림과 같이 바다에 배가 떠 있고 모래사장에 사람이 서 있을 때, 사람이 서 있는 위치에서 배까지의 거리를 각각 구하는 방법을 생각해 보시오.

(1)

(2)

생각하기 2

높이가 1km인 산의 정상에서 수평선을 바라볼 때, 수평선까지의 거리는 얼마인지 구하시오. 이때, 지구를 반지름의 길이가 6400km인 구라고 가정하자.

chapter

06 사라진 10일

어릴 적 이번 달이 큰 달인지 작은 달인지 알기 위해 주먹을 쥐고 튀어나온 뼈를 만져보았던 경험이 한 번쯤은 있을 것이다. 주먹 쥔 왼 손 검지 위에 튀어나온 뼈 부분부터 1월, 그 옆에 들어간 부분은 2월, 중지 위에 튀어나온 뼈 부분은 3월, 이와 같은 같은 방법으로 세다가 새끼손가락 위에는 7월과 8월을 연달아 세고 되돌아오는 방법이다. 튀어나온 부분은 큰 달이고 들어간 부분은 작은 달이 된다. 보통 31일까지 있는 달을 큰 달이라 하고 30일까지 있는 달을 작은 달이라 한다.

현재 우리가 사용하고 있는 달력은 어떻게 계산되었을까? 처음 달력은 달을 중심으로 하였는데, 보통 보름달이 뜨는 날부터 다음 보름달이 뜨는 날까지를 1개월로 정하였다. 그 후 태양의 움직임을 중심으로 하는 태양력이 고대 이집트에서 맨 처음 사용되기 시작하였다. 처음에는 1년이 춘분을 시작으로 10개월(304일)이었던 것을 B.C. 710년경 로마 황제 누마 폼페이우스가 춘분이 있는 달 앞에 2개월을 추가하여 1년을 12개월(355일)로 하는 누마(Numa)력을 만들었다. 그러나 지구의 공전주기와의 차이 때문에 가을에 있어야 할 추수 감사절이 여름에 있는 경우가 생겨 불편을 겪게 되자 B.C. 46년 로마 황제 율리우스 시저(Juliius Caesar)는 홀수인 달은 31일, 2월은 29일, 그 외 짝수인 달은 30일로 하여 1년을 365일로 만들었다. 지구의 공전주기를 365.25로 잡아 4년마다 윤년을 정하고 2월을 30일로 하여 날 수를 맞춘 것이다. 또한 자신의 생일 달 7월의 이름을 율리(July)로 개명한 것이 오늘날 7월의 이름이다.

그 후 로마 황제 아우구스투스(Augustus)가 율리우스력을 일부 변경하였다. 그 역시 자신의 생일 달 8월의 이름을 아우구스투스로 변경하고, 황제인 자신의 달이 다른 달보다 작으면 황제의 권위가 서지 않는다고 2월에서 하루를 떼어와 31일로 변경하였다. 그래서 1월에서 7월까지는 홀수인 달이 큰 달이 되고, 8월부터 12월까지는 짝수 달이 큰 달이 되었다.

그런데 실제 지구의 공전주기는 약 365.2422일인데 율리우스력은 1년을 365.25일로 계산하였으므로 결국 1년에 0.0078일(11.232분) 길어진다. 그럼 몇 년이 지나면 1일(1,440분)이 길어지게 될까? 식을 세우면 11.232(분)×n(년)=1,440(분)이다. 계산하면 약 128년이 지날 때 마다 태양년의 길이가 실제보다 하루씩 더 길어지게 된다. 이 때문에 춘분날이 128년마다 하루씩 앞당겨져서 로마 법왕 그레고리 13세(Gregorian 13) 때인 1582년에 본래의 위치에서 10일이나 앞당겨져 있었다. 그레고리 13세는 춘분을 기준으로 결정되는 부활절을 본래 정했던 날로 되돌려 놓기 위해 연도가 4의 배수가 되는 해이면 윤년, 그 중 100의 배수가 되는 해는 평년, 그 중 400의 배수가 되는 해는 윤년으로 하였다. 예를 들어 1900년은 평년, 2000년은 윤년이다. 이 달력으로 날짜를 맞추기 위해 1582년 10월 4일(월)의 다음날을 1582년 10월 15일(금)로 변경함으로써 1582년 10월 5일부터 10월 14일까지는 세상에 존재하지 않는 날이 되었다. 이렇게 변경된 달력을 그레고리력이라 하며 현재 전 세계가 쓰고 있는 달력이다. 우리나라는 고종 31년(1894년)에 이 달력을 도입하였다.

해가 바뀌고 새로운 달력이 나오면 연휴가 며칠 계속되는지, 공휴일이 일요일과 겹치지는 않는지 찾게 된다. 2020년 10월 9일 한글날은 무슨 요일일까? 7일을 주기[2)]로 하는 요일에 대한 계산법을 알아보자.

1년 1월 1일을 월요일로 시작하여 이루어진다. 7일이 지나고 1월 8일이면 다시 월요일이 된다. 또 7일이 지나면 다시 월요일이 된다. 즉 7일 주기로 요일이 같아짐을 알 수 있다. 그래서 날짜수를 더하여 7로 나눌 때 나머지가 1이면 월요일, 2이면 화요일, 3이면 수요일, 4이면 목요일, 5이면 금요일, 6이면 토요일, 0이면 일요일이다.

그러면 1년 12월 31일은 날짜 수가 365일이므로 7로 나누면 나머지가 1이 되어 월요일이다. 그래서 2년 1월 1일은 화요일이고, 2년 12월 31일은 365일×2이므로 날짜 수가 730일이어서 7로 나누면 나머지가 2이다. 그래서 그 날은 화요일이다. 여기서 1년이 지나면 요일이 하나씩 이동함을 알 수 있다. 그러나 4년 마다 윤년이 되면 2월이 29일까지 있으므로 하루가 더 많아져 요일이 두 자리 이동한다. 그리고 100년의 배수가 되는 해는 평년이므로 한 자리 이동하고, 400년의 배수는 윤년이므로 두 자리 이동한다. 이렇게 해마다 이동하는 수를 모두 더하여 7로 나눈 나머지를 구하면 구하고자 하는 날의 요일을 알 수 있다. 식으로 나타내보자.

구하고자 하는 날을 x년 1월 y일이라 하자.

$$S=(x-1)+\left[\frac{x-1}{4}\right]-\left[\frac{x-1}{100}\right]+\left[\frac{x-1}{400}\right]+y \qquad ^{3)}$$

$$S=7q+r,\ \ 0\le r<7$$

---

2) 요일제는 유대인들이 7일에 한 번씩 축제를 연 7일 주기에서 안식일(지금의 토요일)로부터 몇 번째 날이라고 이름을 붙인 것으로부터 시작되었다. 오늘날의 형태는 로마인이 서기 4세기경 7일제의 주를 쓰면서 요일에 대한 호칭으로 태양(일), 달(월), 화성, 수성, 목성, 금성, 토성을 나타내는 여러 신들의 이름을 붙인 것이다.

3) 임의의 실수 x에 대하여 x보다 크지 않은 정수 중에서 가장 큰 정수를 가우스 기호 [ ]를 사용하여 $[x]$로 나타내며 가우스 값이라고 한다.
$[x]\le x<[x]+1 \Leftrightarrow x-1<[x]\le x$
예를 들면 $[2.34]=2$, $[-3.4]=-4$ 이다.

여기서 S를 7로 나눈 나머지는 r이며 이에 대응하는 요일을 찾으면 된다. 예를 들어 2020년 1월 1일의 요일을 구해 보자.

$$S=(2020-1)+\left[\frac{2019}{4}\right]-\left[\frac{2019}{100}\right]+\left[\frac{2019}{400}\right]+1$$

$$=2019+504-20+5+1=2509$$

$$2509=7\times 358+3$$

나머지가 3이므로 2020년 1월 1일은 수요일이다.

생각하기 1

그레고리력의 1년은 평균 365.2425일이다. 이것은 지구의 공전주기 365.2422일보다 0.0003일 길다. 계산하면 3,333년이 지날 때 마다 그레고리력의 길이가 실제보다 하루씩 더 길어지게 된다. 이를 보정하기 위해서는 어떤 규칙을 추가하면 좋을지 생각해보시오.

생각하기 2

2020년 10월 9일 한글날은 무슨 요일인지 구하시오.

chapter

07 예측할 수 없는 자연

자연의 변화는 살아있는 모든 생물들에 미치는 영향이 크다. 한 예로 기상의 변화로 기온이 급강하하였던 빙하기시대는 많은 생물들을 멸종시키는 결과를 낳기도 하였다. 말의 원래 조상은 숲에 살면서 연한 나뭇잎을 먹었지만, 시대가 흐르면서 숲이 초원으로 바뀌게 되어 환경이 변화함에 따라 키가 커지고 긴 다리로 달리며 풀을 뜯어먹는 동물로 진화하였다. 이처럼 자연환경의 변화에 따라 생물이 멸종과 진화를 거듭하여 왔다.

인간 역시 자연환경의 변화에 따라 생활 패턴도 변화되었고, 자연의 변화를 미리 예측하거나 조기 감지하여 변화에 대처하려는 노력을 해왔다. 이러한 것 중에 하나가 대재앙을 가져오는 천재지변에 대한 대처일 것이다. 천재지변 중 하나인 지진에 대하여 알아보기로 하자. 자연적이든 또는 인위적이든 지구 표면의 흔들림을 지진이라고 한다. 지하 핵실험과 같은 폭발 또는 지나친 지하수의 개발 등으로 인하여 암석이 붕괴되어 지표가 흔들리는 현상은 예견할 수 있으며 그 규모가 크지 않아 심각한 피해를 주지 않는다. 그러나 자연적으로 생기는 지진은 그 규모에 따라 우리에게 엄청난 재앙을 가져다준다.

우리나라에서는 지진이 자주 발생하지 않는 편이고 그 규모도 크지는 않다. 그러나 지진의 피해에서 무관하다고는 할 수 없다. 기록에 의하면 우리나라에서 처음으로 지진이 발생한 것은 27년 6.3 규모로 경기도 광주지역에서 있었다고 한다. 삼국사기에 의하면 779년 경주지역에서 100여명이 사망하는 지진이 발생하였다고 한다. 그 당시 인구 분포로 보면 상당한 규모로 추정된다. 그 후 많은 지진이 발생하였다는 기록이 남아 있다. 최근 발생한 강도 높은 지진은 2016년 9월 12일 경북 경주시 남남서쪽 9km 지역에서 발생한 5.8강도의 지진이다. 그 이후로도 강도 2~3정도의 지진이 여러 차례 발생하고 있다.

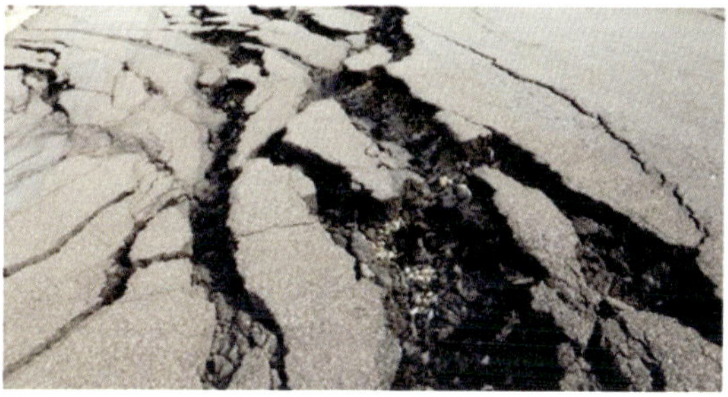

지진은 지구를 구성하는 암석이 파괴되면서 암석 일부분의 급격한 운동으로 인해 발생한다. 이 암석이 파괴되는 장소를 지진의 원인이 되는 곳이라 하여 '진원'이라 하고 진원 바로 위의 지표점을 '진앙'이라 한다. 이 진앙지를 중심으로 진동이 퍼져 나가는 것이다. 그래서 지진의 진앙지를 찾으면 진원 또한 찾아낼 수 있다.

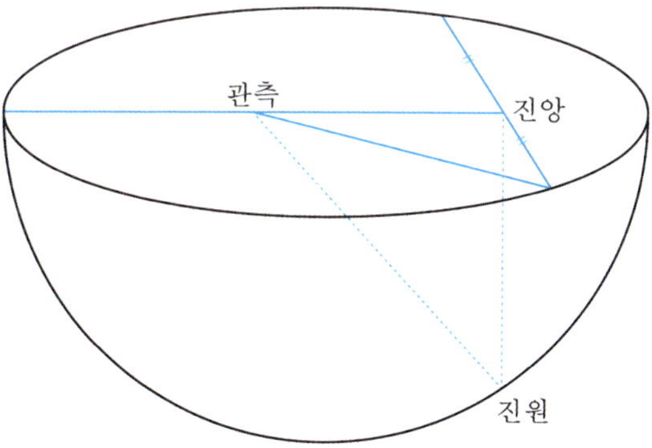

진앙지를 찾는 방법을 알아보자. 한 장소에서 관측된 지진파(P파와 S파)를 이용하여 진앙지까지의 거리를 구하여 진앙지를 찾을 수 있다.

지진파인 P파와 S파를 설명하자면, P파는 종파라고 하며 물질의 밀도를 변화시키며 이동하는 파이고, S파는 횡파(橫波, transverse wave)라고 하며 전달물질이 파의 진행방향에 수직으로 이동하며 전달되는 파이다. 지진계에 처음 도착하는(Primary) 지진파를 P파라 하고 두 번째(Secondary)에 도착하는 지진파를 S파라 한다.

P파의 속도 v_1, S파의 속도 v_2, P파와 S파의 도착 시간차를 T라고 할 때, 진앙지까지의 거리 d를 구하는 식은 다음과 같다.

$$T = \frac{d}{v_2} - \frac{d}{v_1} = d\left(\frac{1}{v_2} - \frac{1}{v_1}\right) = d\left(\frac{v_1 - v_2}{v_2 v_1}\right)$$

$$d = T\frac{v_2 v_1}{v_1 - v_2}$$

위의 방법으로 먼저 지진이 관측된 장소에서 진앙지까지의 거리를 구한 다음 그 거리를 반지름으로 하는 원을 그리면 진앙지는 원 둘레 위의 어느 한 점이 된다. 같은 방법으로 아래 그림과 같이 세 장소 A, B, C 각각에서 진앙지까지의 거리를 구하여 원을 그린 다음 세 원이 교차하는 점을 찾으면 그 지점이 바로 진앙지이다.

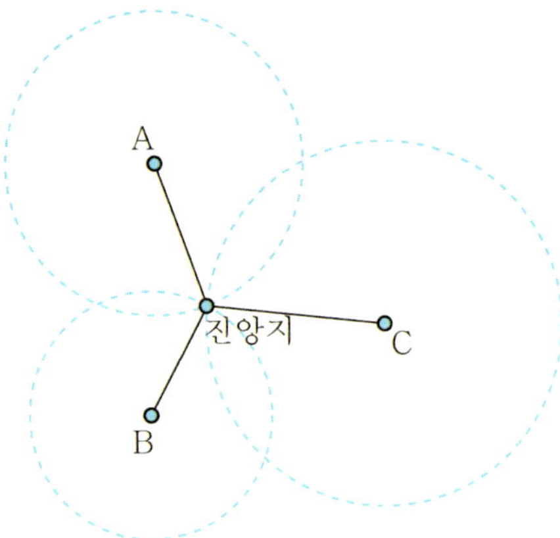

오래전부터 지진이 발생하면 그 피해 정도와 사람들의 느낌을 바탕으로 지진의 크기를 측정하는 척도로 '진도'를 사용하였다. 그러나 같은 지진이라도 지역마다 다르게 측정되는 진도를 통일시키기 위해 1935년 미국의 과학자 리히터(Charles Richer)가 정량적인 척도를 개발하였다. 그것을 리히터 규모(또는 규모)라 한다. 리히터 규모에는 로그가 사용된다.

로그는 스코틀랜드 수학자인 존 네이피어(John Napier, 1550~1617)가 큰 수들의 계산 특히 곱셈과 나눗셈을 간편하게 하기 위하여 만들어 낸 함수이다. 이것은 복잡하고 큰 수들의 계산에 매우 유용하기 때문에 여러 학문 분야 특히 천문학에서 많이 사용되었다. 별들의 거리 등 아주 큰 수들을 다루는 천문학에서는 매우 유용하여 이것의 발명은 천문학의 급속한 발전에 기여하였다. 로그의 사용은 천문학자들의 작업량을 줄여줌으로 천문학자들의 수명을 두 배로 늘려주었다고도 한다. 여하튼 로그의 탄생은 수많은 사람들에게 열렬한 환영을 받았다.

로그는 다음과 같이 정의한다.

a가 1이 아닌 양수일 때,

$$x = a^y \Leftrightarrow y = \log_a x \quad (a\text{는 밑수, } y\text{는 지수라 한다})$$

예를 들어 $16 = 2^4$를 log로 나타내면 $4 = \log_2 16$이다. 이는 어떤 수(밑수)의 거듭 곱으로 나타낸 수를 그 수의 지수로 나타내는 것이다. 이렇게 로그로 표현하면 다음과 같이 그 수들의 곱셈과 나눗셈을 덧셈과 뺄셈으로 바꾸어 간단히 나타낼 수 있다.

$$\log_a x + \log_a y = \log_a xy$$

$$\log_a x - \log_a y = \log_a \left(\frac{x}{y}\right)$$

로그는 복잡한 물리적 양을 간편하게 나타낼 수 있어서 소리의 세기를 나타내는 데시벨, 수소 이온 농도 등에서 이용되고, 지진의 크기를 나타내는 리히터 규모에서도 이용된다.

지진의 강도를 나타내는 리히터 규모(M)는 진앙거리 100km 지점에서 지진계로 측정한 지진파의 최대 진폭에 의해서 정한다. 진폭이 1/1,000mm 일 때를 0으로 하여 최대 진폭이 A마이크론(1마이크론=1/1,000mm)에 상용로그[4)]를 취함으로써 리히터 규모를 나타낸다. 즉 $M = \log_{10}A \Leftrightarrow 10^M = A$ 이며, 규모가 1 크면 진폭은 10배 커진다. 지진에 의해 발생되는 에너지는 피해를 주는 정도와 밀접한 관계가 있다. 에너지(E)는 진폭(A) 증가에 비해 3/2 제곱만큼 많아진다. 따라서 규모가 1 커지면 진폭은 10배 증가하고 에너지는 $\sqrt{10^3}$ $(=\sqrt{1000}=31.6\cdots)$배 증가한다. 규모가 2 커지면 에너지는 1,000배, 규모가 3 크면 에너지는 31,622.7배, 규모가 4 크면 에너지는 1,000,000배 커진다. 규모의 차와 방출되는 에너지의 차를 비교하면 다음과 같다.

규모의 차	진폭(배)	에너지(배)
1	10	$10^{3/2}$ = 31.6
2	10^2 = 100	10^3 = 1,000
3	10^3 = 1,000	$10^{9/2}$ = 31,622.7
4	10^4 = 10,000	$10^{12/2}$ = 1,000,000
5	10^5 = 100,000	$10^{15/2}$ = 31,600,000
6	10^6 = 1,000,000	$10^{18/2}$ = 1,000,000,000
7	10^7 = 10,000,000	$10^{21/2}$ = 31,622,700,000
8	10^8 = 100,000,000	$10^{24/2}$ = 1,000,000,000,000
9	10^9 = 1,000,000,000	$10^{27/2}$ = 31,600,000,000,000

4) 우리가 사용하는 수 체계는 십진법 이므로, $a=10$일 때 $\log_{10}x$를 상시로 이용하는 로그라 하여 상용로그라 한다.

위에서 설명한 규모와 진폭 그리고 진폭과 에너지 사이의 관계를 바탕으로 에너지(E)와 리히터 규모(M) 사이에 다음과 같은 관계식을 얻을 수 있다.

$$\log_{10}E = 11.8 + 1.5M$$

지진의 규모로는 작은 차이로 보이지만 발생되는 에너지는 몇 백만 배 이상이 될 수 있다. 규모에 따라 발생하는 에너지를 폭발력으로 나타내면 규모 1의 강도는 TNT 폭약 32kg의 힘에 해당하고, 규모 5의 강도는 1,000,000배의 에너지를 방출하여 TNT 폭약 32kt의 폭발력을 가진다. 이러한 폭발력을 가진 에너지에 의하여 일어나는 현상 즉 사람의 반응과 피해 정도는 다음과 같다.

규 모	영 향
0 ~ 2.9	지진계에 의해서만 탐지가 가능하며 대부분의 사람이 진동을 느끼지 못함
3 ~ 3.9	사람은 땅이 조금 흔들리는 정도를 느끼지만 피해는 없음
4 ~ 4.9	방 안의 물건들이 흔들리는 것을 뚜렷이 관찰할 수 있지만 심각한 피해는 입히지 않음
5 ~ 5.9	부실하게 지어진 건물에 심한 손상
6 ~ 6.9	상당한 건물의 피해 : 일반 건축물 및 특수 설계 건축물 붕괴, 굴뚝이 무너짐
7 ~ 7.9	땅이 심하게 흔들리고 아파트 등 거의 모든 건축물 파괴되어 무너짐, 철로 휘어짐
8 ~ 8.9	완전 파괴, 지표면상에서 파동이 보이며, 물체가 공중으로 날아감
9 이상	땅이 넓게 갈라지고 지면이 파괴되는 정도

2016년 9월 12일에 발생한 우리나라 경주 지진의 강도는 규모 5.8이었다. 이 규모라면 '부실하게 지어진 건물에 심한 손상이 있는 정도'라 할 수 있다. 그 당시 실제 피해 사례를 보면 건물이나 도로가 균열되고, 지붕이나 담장 등이 파손되는 등 상당한 피해가 있었다.

생각하기 1

최근 발생한 지진의 규모를 조사하고 방출되는 에너지로 인한 피해 정도를 알아보시오.

생각하기 2

지진이 발생했을 경우 집 안에 있을 때와 집 밖에 있을 때 어떻게 대처해야 하는지 말해보시오.

chapter
08 폭이 같은 도형

"맨홀 뚜껑은 왜 원형일까?"

이 질문은 빌 게이츠가 세운 세계 일류 기업 마이크로소프트사에서 입사지원자들에게 던진 질문 중 하나다. 여러분이라면 어떤 답을 할지 잠시 생각해 보자.

맨홀은 지하에 묻어 놓은 하수관이나 오수관 따위의 시설물을 점검하거나 청소할 때 사람이 드나들 수 있도록 만든 구멍이다. 그렇다면 맨홀의 모양이 둥근 것은 그곳에 들어가는 사람의 몸이 원통형에 가깝기 때문일 것이다. 또 내려갈 사다리를 놓을 때도 원은 항상 대칭이기 때문에 아무 곳에나 사다리를 놓기만 하면 되지만 삼각형이나 사각형의 경우 사다리를 변 쪽에 기대어야만 안전하다. 그밖에도 삼각형이나 사각형인 경우 위에서 압력이 가해졌을 때 모서리가 부서질 수 있지만 원으로 만들면 압력을 고루 받기 때문에 파손이 되지 않는다는 점이 있다. 또 무거운 맨홀 뚜껑을 운반할 때 원형은 굴릴 수 있으므로 편리하다.

이와 같이 맨홀 뚜껑이 원형인 이유를 여러 가지로 말할 수 있지만 수학적인 원리로 생각해 보면 뚜껑이 구멍 속으로 빠지지 않기 위해서이다. 삼각형이나 사각형은 수직으로 세워 방향을 틀면 뚜껑이 구멍 아래로 떨어진다. 그 이유는 사각형은 변의 길이보다 대각선의 길이가 길고, 삼각형은 어느 방향보다 한 변의 길이가 길기 때문이다. 그래서 공사 중에 뚜껑을 열어 걸쳐 놓았을 때, 또는 차들이 맨홀 뚜껑 위를 지날 때 모서리 부분을 누르면 뚜껑이 들썩이면서 아래로 빠질 수 있다.

원형인 경우 뚜껑을 열고 수직으로 세워 방향을 틀어도 뚜껑이 구멍 안으로 떨어지지 않는다.

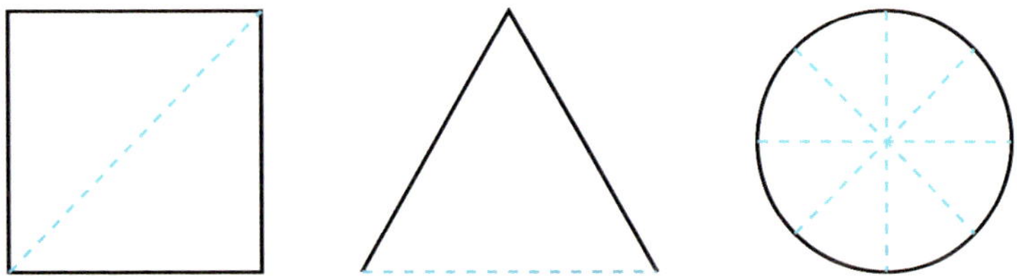

욕조의 하수구 뚜껑을 보아도 맨홀뚜껑처럼 원으로 되어있어 이 뚜껑은 절대 하수구로 빠지지 않는다. 원은 어느 방향으로 재어도 중심을 지나는 폭이 일정하기 때문이다. 어떤 도형의 폭이 일정하다는 것은 팽팽한 두 직선 사이에 도형을 접하도록 놓았을 때, 그 두 직선 사이의 거리가 항상 같다는 것이다. 이러한 도형을 '정폭도형'이라고 한다. 정폭도형은 폭이 일정하기 때문에 흔들리지 않고 둥근 바퀴처럼 일정한 높이를 가지고 굴러갈 수 있다. 대표적인 예로 '뢸로 삼각형'이 있다. 이는 19세기 독일의 기계공학자 프란츠 뢸로(Franz Reuleaux, 1829~1905)의 이름을 딴 것이다. 아래 왼쪽 그림과 같이 정삼각형의 각 꼭짓점에서 다른 꼭짓점을 지나는 3개의 원호를 그려서 작도할 수 있다. 또 다른 작도 방법은 아래 오른쪽 그림과 같다.

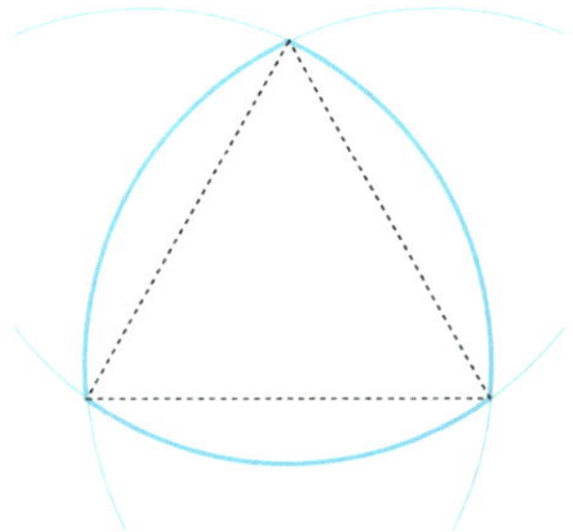

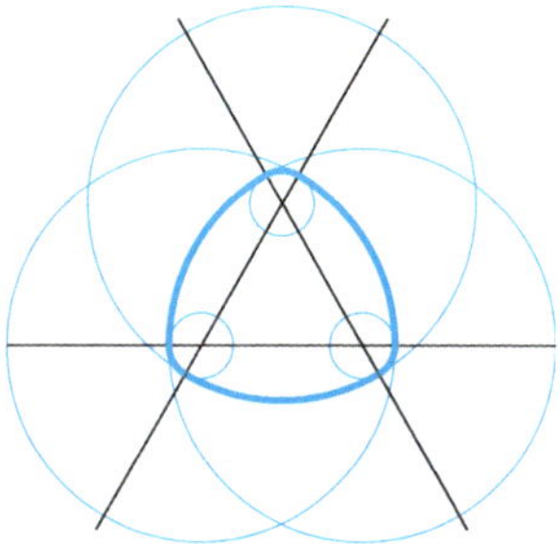

보통 드릴은 원 모양의 구멍만 뚫을 수 있는 데 뢸로 삼각형 모양의 드릴을 이용하면 아래 그림과 같이 네 모서리가 둥근 사각형의 구멍을 뚫을 수 있다. 즉 뢸로 삼각형을 회전시키면 회전의 중심이 이동하면서 둥근 사각형이 그려진다. 뢸로 삼각형은 1950년대에 개발된 방켈 엔진의 기초가 되었다. 방켈 엔진의 내부는 타원형인 몸체 안에 뢸로 삼각형의 로터가 회전하는 방식으로 왕복운동이 없는 회전식 엔진이다.

또한 우리 실생활에서 살펴보면 우리나라 동전은 모두 원형이다. 자동판매기는 각 동전의 폭에 맞는 모양의 길을 놓아 종류에 따라 구분하도록 설계되어 있다. 동전의 종류마다 크기와 지나가는 속도가 다르기 때문에 동전을 식별할 수 있는 것이다. 그래서 자동판매기를 사용하려면 동전을 넣었을 때 같은 폭을 가지고 굴러가야 한다. 원이 아니라도 정폭도형 모양이라면 아무 문제될 것이 없다. 실제로 버뮤다에는 뢸로 삼각형의 동전이 있고, 영국의 20펜스와 50펜스 동전과 인도의 2루피 동전도 정폭도형이다.

버뮤다의 동전

영국의 동전

인도의 동전

생각하기 1

정사각형에서 정폭도형을 작도해 보자. 작도할 수 있다면 그 방법을, 작도할 수 없다면 그 이유를 쓰시오.

생각하기 2

실생활에서 정폭도형이 쓰이는 예를 찾아 설명하시오.

chapter

09 조화롭고 완벽한 원

“원과 구, 이것들만큼 신성한 것에 어울리는 형태는 없다. 그러기에 신은 태양이나 달, 그 밖의 별들 그리고 우주 전체를 구 모양으로 만들었고, 태양과 달 그리고 모든 별들이 원을 그리면서 지구 둘레를 돌도록(당시 아리스토텔레스는 천동설을 주장했다) 했던 것이다.” 고대 그리스의 대학자인 아리스토텔레스는 원과 구를 가장 조화롭고 완벽한 도형으로 여기며 찬사를 아끼지 않았다. 원과 구는 어느 방향으로 바라보아도 모양이 똑같다. 이렇게 조화로운 원에 신비로운 수가 숨겨져 있다.

원의 둘레를 원의 지름으로 나눈 값을 원주율이라 하며, 이는 원의 크기와 관계없이 항상 일정하다. 우리는 원주율을 나타낼 때 π를 사용한다. π는 ‘둘레’를 뜻하는 그리스어 ‘περιμετροζ’의 머리글자로 1706년 영국의 수학자 윌리엄 존슨이 처음 사용하였고, 30년 후 스위스의 수학자 오일러가 사용하면서 널리 알려져 지금까지 사용되고 있다.

BC 2000경 고대 이집트인들은 간단한 방법으로 원주율을 측정하여 사용하고 있었다. 먼저 원을 그린 다음 끈을 이용하여 원의 지름을 잰다. 원의 지름만큼의 끈을 원의 둘레를 따라 둘러보았을 때 3번 둘러지고 지름의 $\frac{1}{7}$만큼 남는다는 것을 알았다. 이렇게 해서 원주율의 값으로 $3+\frac{1}{7}$을 사용하였다.

합리성을 중시했던 고대 그리스 학자들은 정확한 원주율을 구하려고 노력하였는데, 아르키메데스(Archimedes)는 다각형을 사용해서 원에 접근하였다. 그는 원에 내접하는 정사각형의 둘레는 원둘레 보다 작고 원에 외접하는 정사각형의 둘레는 원둘레 보다 크다는 생각을 바탕으로 정다각형의 변을 늘려가면서 원에 근접해 갔다.

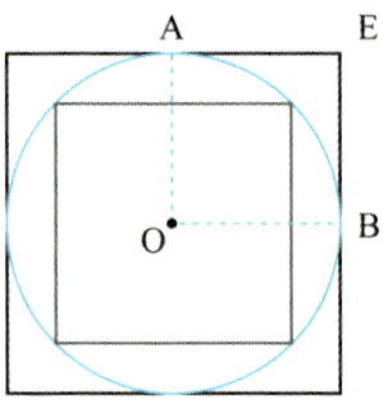

(호 AB) < (AE 길이 + EB 길이) 이므로
(원둘레) < (외접 정사각형 둘레)이다.

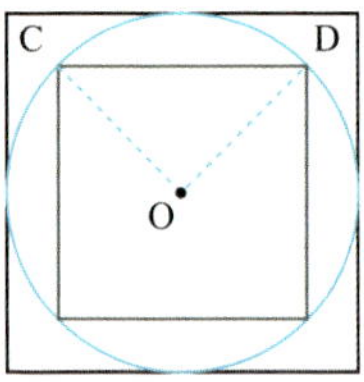

(선분 CD의 길이) < (호 CD의 길이)이므로
(내접 정사각형 둘레) < (원둘레)이다.

마침내 정96각형까지 그려서 얻은 원주율의 값은 $3\frac{10}{71} < \pi < 3\frac{1}{7}$ 이다. 소수로 나타내면 $3.140845\cdots < \pi < 3.142857\cdots$ 이다. 이러한 방법을 정다각형의 변의 수를 늘려서 내접하는 정n각형과 외접하는 정n각형이 점점 더 가까워지게 했다고 하여 '아르키메데스의 조임법'이라 한다.

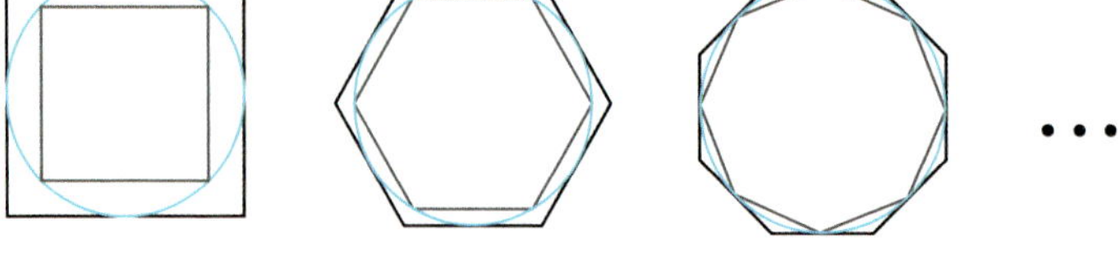

지금은 무리수로 알려진 원주율의 값을 계산하기 위해 컴퓨터를 이용한다. 2011년 10월 일본의 한 회사원이 개인용 컴퓨터로 원주율을 소수점 이하 10조 자리까지 계산해서 기네스 세계신기록을 갱신했다. 컴퓨터로 π의 소수점 이하 자릿수를 계산하는 것은 π의 정확한 값에 대한 흥미 때문만이 아니라 새로운 슈퍼컴퓨터를 개발하였을 때 컴퓨터의 성능을 평가하기 위한 하나의 척도로 사용되기도 한다.

원의 둘레와 넓이를 구하기 위해서는 반드시 원주율이 필요하다. 그래서 원주율은 우리 일상생활과 여러 분야에서 다양하게 사용된다. 육상 400m 경기를 보면 각 레인의 출발선이 다르다. 400m 타원형 트랙의 경우 바깥쪽 곡선 주로의 길이가 더 길기 때문이다. 실제로 레인의 폭인 42인치인 경우 가장 안쪽 레인이 400m인 반면 마지막 8번째 레인은 445m이다. 각 레인의 길이에 따라 출발선의 위치가 정해진다. 어느 레인에서 달리든 공정한 경기가 치러지려면 정확한 길이가 측정되어야 하며 이때 원주율 값이 필수적이다. 또 자동차의 주행거리를 구하려면 자동차 바퀴의 둘레(지름×원주율)에 회전수를 곱해야 한다. 자동차의 주행거리를 이용해서 속도계나 네비게이션을 만들 수 있다. 뿐만 아니라 인공위성의 궤도를 계산할 때도 정확한 원주율 값이 필요하다.

미국에서는 파이데이(pi(π) day)가 공식 기념일로 지정되어 있다. 유럽에서도 보편화 되어 있어 파이와 관련한 다양한 행사가 진행된다. 미국의 한 유명 수학동아리가 π값 3.14159…를 기억하고자 3월 14일 오후 1시 59분에 원주율의 탄생을 축하하는 행사를 가진 것이 계기가 되었다. MIT는 π의 의미를 기리기 위해 매년 합격자 발표일이 3월 14일이며, 시간은 15시 9분에 발표한다. 또 지름이 π인 둥근 파이를 먹거나 원주율을 외우는 대회를 열기도 한다. 미국 필라델피아 오페라 하우스에서 경비로 일하던 마크 우미레는 노래를 외우는 방법으로 원주율을 소수점 이하 1만 2887까지 암기하여 미국 최고 기록을 보유하고 있다. 현재까지 인정된 기네스 공식 기록은 중국인 차오 루의 6만7890자리다. 6만자리라면 몇 장의 종이가 필요할까? 이 책 한 면에 적어보니 겨우 소수점 이하 1300자리까지 적을 수 있다. 원주율 외우기에 도전해 보겠는가?

3.

1415926535 8979323846 2643383279 5028841971 6939937510
5820974944 5923078164 0628620899 8628034825 3421170679
8214808651 3282306647 0938446095 5058223172 5359408128
4811174502 8410270193 8521105559 6446229489 5493038196
4428810975 6659334461 2847564823 3786783165 2712019091
4564856692 3460348610 4543266482 1339360726 0249141273
7245870066 0631558817 4881520920 9628292540 9171536436
7892590360 0113305305 4882046652 1384146951 9415116094
3305727036 5759591953 0921861173 8193261179 3105118548
0744623799 6274956735 1885752724 8912279381 8301194912
9833673362 4406566430 8602139494 6395224737 1907021798
6094370277 0539217176 2931767523 8467481846 7669405132
0005681271 4526356082 7785771342 7577896091 7363717872
1468440901 2249534301 4654958537 1050792279 6892589235
4201995611 2129021960 8640344181 5981362977 4771309960
5187072113 4999999837 2978049951 0597317328 1609631859
5024459455 3469083026 4252230825 3344685035 2619311881
7101000313 7838752886 5875332083 8142061717 7669147303
5982534904 2875546873 1159562863 8823537875 9375195778

1857780532 1712268066 1300192787 6611195909 2164201989
3809525720 1065485863 2788659361 5338182796 8230301952
0353018529 6899577362 2599413891 2497217752 8347913151
5574857242 4541506959 5082953311 6861727855 8890750983
8175463746 4939319255 0604009277 0167113900 9848824012
8583616035 6370766010 4710181942 9555961989 4676783744
9448255379 7747268471 0404753464 6208046684 2590694912

생각하기 1

일상생활에서 원주율이 쓰이는 예를 찾아 설명하시오.

생각하기 해설

수학을 알면 다르게 보인다

01 절약을 위한 A4 용지의 비밀

생각하기 1

해설

1246/1189=1.2245 이므로 약 122%로 확대하여 복사한다.

02 거리의 합이 최소인 점

생각하기 1

해설

(a) 그래프는 헤밀턴 그래프이고, 오일러 그래프는 아니다.
(b) 그래프는 오일러 그래프이고, 해밀턴 그래프는 아니다.
(c) 그래프는 오일러 그래프도 아니고 해밀턴 그래프도 아니다.

생각하기 2

해설

한붓그리기 가능한 그래프는 (b) (c)

03 효과적인 경로 찾기

생각하기 1

해설

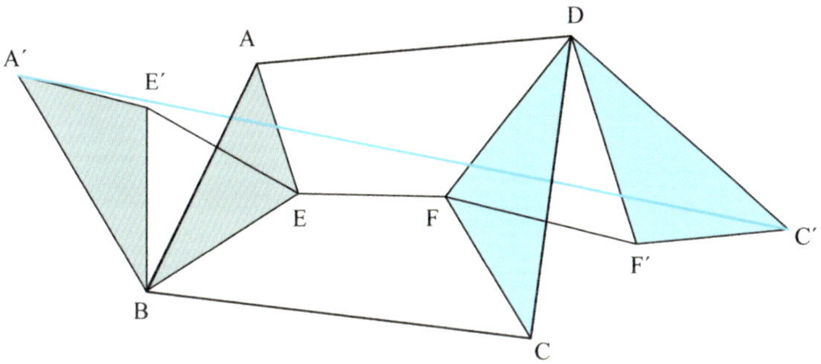

그림과 같이 사각형 ABCD의 내부에 임의의 두 점 E, F를 잡아 각 꼭지점과 연결시킨다.

이 때, AE + BE + EF + FC + FD의 최소값을 찾기 위해 △ABE는 점 B를 중심으로 60° 회전이동 시키고 △CDF는 점 D를 중심으로 60° 회전이동 시키면,

AE = A'E' (∵ △ABE ≡ △A'BE')

CF = C'F' (∵ △CDF ≡ △C'DF')

BE = EE', DF = FF' (∵ △BEE'와 △DFF'는 정삼각형)

따라서 AE + BE + EF + FC + FD = A'E' + E'E + EF + FF' + F'C'

그러므로, A', E', E, F, F', C'가 일직선상에 있을 때 최단거리가 되며 그렇게 일직선을 만들 때 점 E와 F를 찾을 수 있다.

05 지구의 크기

생각하기 1

해설

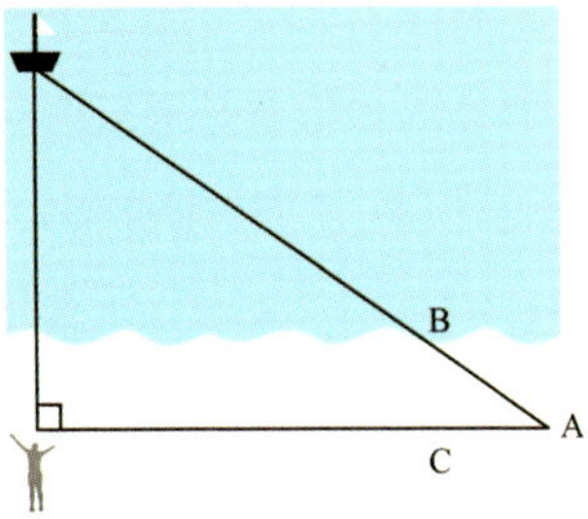

사람과 배를 잇는 직선에 대해 수직으로 직선을 그어 A 지점을 찾고 배와 점A를 잇는 직선위에 적당한 점 B를 잡아 수선을 그어 C를 잡는다.
두 닮음 삼각형의 닮음비를 이용하여 배까지의 거리를 구한다.

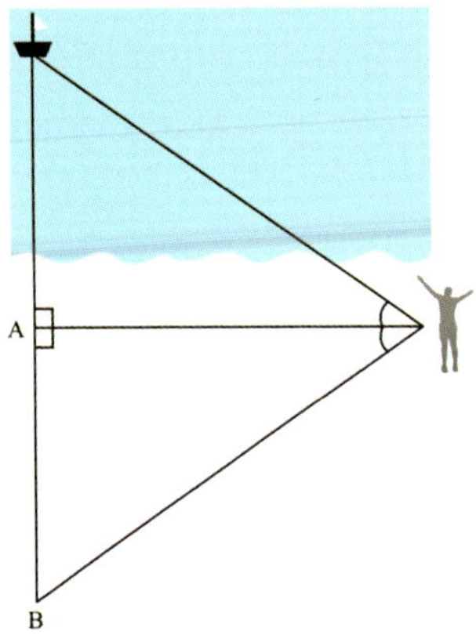

배에서 수직으로 선을 긋고, 사람에서 수평으로 선을 그어 직각으로 만나는 점을 A라 한다. 사람이 배를 바라보는 각의 크기와 같게 하여 선을 그어 만나는 점을 B라 한다. 합동인 두 삼각형을 이용하여 배까지의 거리를 구한다.

생각하기 2

해설

구의 중심을 O, 산의 정상을 M, 산의 정상에서 바라본 수평선의 한 지점을 T라 하면, 산의 정상에서 수평선까지의 거리는 삼각형 OTM에서 변 MT의 길이와 같다. 그런데 $\overline{MT}$는 접선이므로 $\overline{OT}$와 수직을 이루므로 삼각형 OTM은 직각삼각형이다.

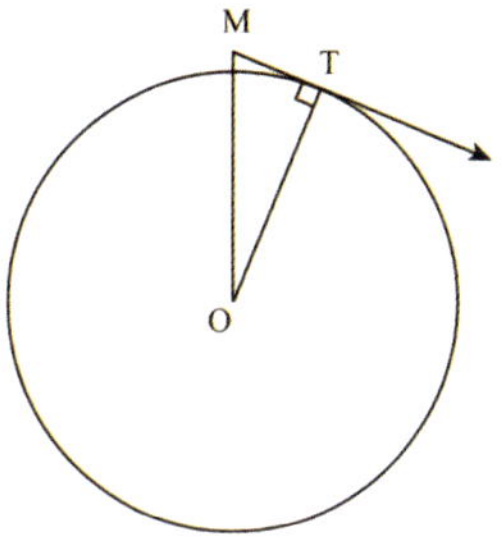

$$\begin{aligned}\overline{MT} &= \sqrt{\overline{OM}^2 - \overline{OT}^2} \\ &= \sqrt{6401^2 - 6400^2} \\ &= \sqrt{12801} \\ &= 113.1415\cdots \\ &\fallingdotseq 113.1\end{aligned}$$

06 사라진 10일

생각하기 2

해설

다음 식에 $x = 2020$, y는 2020년 10월 9일까지의 총 날 수를 구해 대입한다.

$$S = (x-1) + \left[\frac{x-1}{4}\right] - \left[\frac{x-1}{100}\right] + \left[\frac{x-1}{400}\right] + y$$

2020년은 윤년이므로 1월은 31일, 2월은 29일, 3월은 31일, 4월은 30일, 5월은 31일, 6월은 30일, 7월은 31일, 8월은 81일, 9월은 30일, 그리고 10월에 9일이다.

2020년의 총 날 수는 31+29+31+30+31+30+31+31+31+9=283 이다.

$$S = 2020 - 1 + \left[\frac{2019}{4}\right] - \left[\frac{2019}{100}\right] + \left[\frac{2019}{400}\right] + 283$$

$= 219 + 504 - 20 + 5 + 283 = 1006$

$1006 = 7 \times 143 + 5$이므로 나머지가 5이다.

따라서 2020년 10월 9일은 금요일이다.

08 폭이 같은 도형

생각하기 1

해설

정사각형은 원에 내접하므로 정사각형에서 정폭도형을 작도한다면 원이 될 것이다. 원이 아닌 정폭도형은 변의 개수가 홀수 일 때만 가능하다 그 이유는 정사각형 같이 2n각형일 경우 한 꼭짓점에 대하여 마주보는 변이 없이 때문이다.

Ⅱ

수학을 알면 이긴다

chapter
01 수의 합이 같은 배열

마방진(魔方陣, magic square)에 관한 오래된 전설은 지금부터 4200년 전 중국 하나라 시대의 이야기이다. 하나라의 우왕(禹王)은 잦은 홍수로 황하가 범람할 때마다 황하의 지류인 낙수(洛水)도 함께 범람하는 것을 막기 위해 공사를 하고 있었다. 이 때, 아래 그림과 같이 등에 신비한 점 무늬가 새겨진 거북이 나타났다.

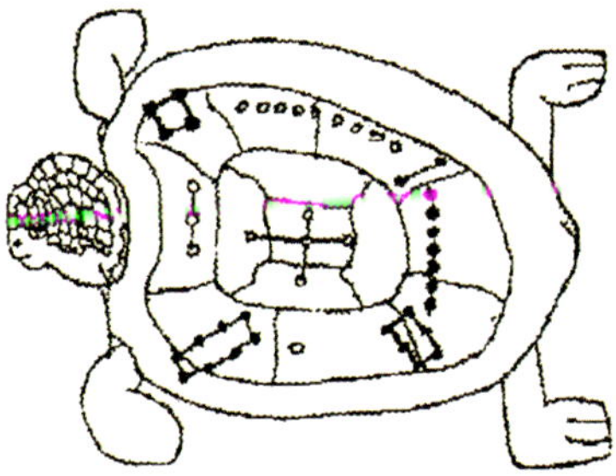

당시 사람들은 그 무늬를 하늘이 보내준 것으로 믿고 귀하게 여겨 '낙수에서 얻은 글'이라는 뜻으로 낙서(洛書)라고 이름 지었다. 낙서의 숫자는 1에서 9까지의 자연수로 중복이나 빠짐없이 9칸에 배열되어 있는데, 가로, 세로, 대각선 각각의 숫자의 합이 모두 15이다. 이 수표는 네 구석, '방형(方形)으로 숫자가 진을 치고 있다.'라는 뜻으로 '방진(方陣)'이라 불렸다. 이 후 유럽으로 건너가서 마방진이란 이름으로 통용되었다.

마방진은 가로와 세로 칸의 수에 따라 3이면 3차, 4이면 4차 마방진이라 부른다. 옛날 사람들은 3차 마방진은 토성, 4차 마방진은 목성, 5차 마방진은 화성, 6차 마방진은 태양, 7차 마방진은 금성, 8차 마방진은 수성, 9차 마방진은 달과 연결시켰다. 우리나라 조선 후기 수학자 최석정(1646~1715)은 그의 책 '구수략'에서 3차부터 10차까지의 마방진을 설명하였다. 특히 지수귀문도(地數龜文圖, Hexagonal tortoise problem)라는 마방진이 나온다. 이것은 아래 그림과 같이 9개의 육각형이 연결되어 있고, 육각형의 꼭짓점에 1에서 30까지의 수를 중복되지 않게 배열한 다음, 각각의 6각형의 수를 모두 합하면 93이 되는 마방진이다. 꼭짓점의 수들을 다르게 배열하면 93아닌 다른 총합이 나오게 할 수도 있다.

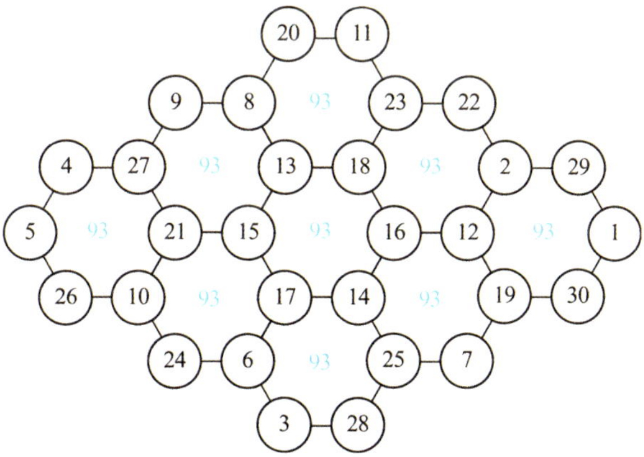

TV 드라마에서도 마방진과 그 해법이 소개된 적이 있다. 2006년 이정명의 장편소설 '뿌리깊은 나무'를 원작으로 하여 세종대왕 연간의 역사적 사실과 작가의 상상력으로 재창조한 사극에서 극 중 아버지 태종이 권력을 차지하기 위해 일가친척들을 숙청시킬 때마다 이도(세종대왕)는 마방진을 풀며 두려움을 이겨낸다. 여기서 이도가 33방진을 만들기 위해 찾은 방법은 다음에 설명하는 바쉐 방법과 같다. 이는 3×3, 5×5, 7×7

등과 같이 홀수차 마방진을 만들 때 이용되는 방법으로 1600년대 프랑스의 바쉐라는 사람이 처음 생각해낸 방법이다.

바쉐 방법을 3차 마방진에서 설명하면 먼저 아래 그림과 같이 1, 2, 3, ..., 9를 대각선으로 차례대로 배열한다. 그 다음 1열과 마지막 열이, 1행과 마지막 행이 원기둥처럼 연결되어 있다고 가정한다. 그러면 1열 가운데 칸의 1은 3열 가운데 칸이 된다. 같은 방법으로 3, 7, 9의 자리를 이동한다. 그러면 각 행, 열, 대각선의 세 수의 합이 15임을 알 수 있다. 여기서 15는 1에서 9까지 합이 45이고 그것을 3으로 나눈 값이다.

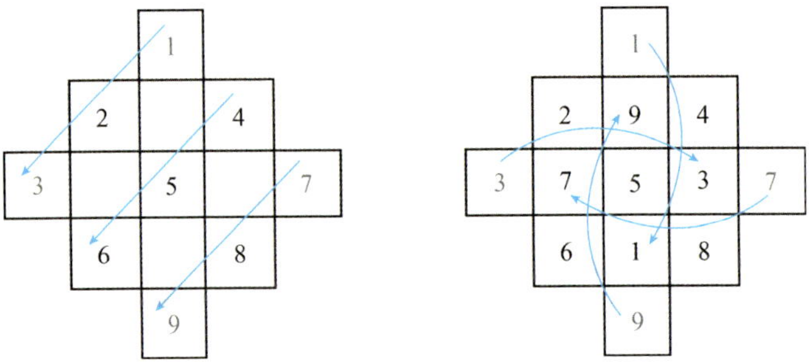

이 외에도 샴의 방법, 로젠지 방법, 드라히레의 방법이 있으나 결과는 서로 같으며 3차 마방진은 유일하게 하나뿐이다.

독일의 화가 알브레히트 뒤러(1471~1528)의 판화 작품 '멜랑콜리아'에는 가로, 세로, 대각선의 합이 34로 일정한 4차 마방진이 새겨져 있다. 맨 아랫줄 가운데 두 칸에 새겨진 15와 14는 판화를 제작한 해 1514년을 나타낸다. 이 판화에 등장하는 끝이 잘린 다면체, 모래시계, 날개 달린 천사, 해골, 지갑과 열쇠, 비어 있는 저울 같은 물체는 우울한 성질을 가진 토성을 의미한다. 화가는 냉철함의 상징인 목성과 연결되는 4차 마방진을 그림에 새겨 넣음으로써 토성의 우울함을 치료하는 부적 역할을 하도록 하였다고 한다.

짝수차 마방진은 4차 마방진을 시작으로 4m차 마방진 및 4m+2차 마방진을 만드는 방법이 알려져 있다. 그 중 4차 마방진, 8차 마방진, 12차 마방진, … 등을 만드는 방법으로 아그리파의 방법을 소개하겠다.

4×4 행렬의 빈칸에 1, 2, 3, …, 16을 쓴 다음 두 대각선 각각에 놓인 네 개의 수의 위치를 적당히 바꾸면 4차 마방진을 만들 수 있다.

① 그림과 같이 1부터 16까지 순서대로 쓴다.

② 두 대각선 방향에 놓인 수들은 모두 지운다.

③ 다시 맨 윗줄부터 16, 13, 11, 10, 7, 6, 4, 1순으로 빈칸에만 쓴다. 이미 수가 써 있는 칸은 건너뛴다.

1	2	3	4
5	6	7	8
9	10	11	12
13	14	15	16

	2	3	
5			8
9			12
	14	15	

16	2	3	13
5	11	10	8
9	7	6	12
4	14	15	1

각 행, 열, 대각선에 놓인 수의 합은 34가 된다. 이는 1부터 16까지의 합을 4로 나눈 값으로 $\frac{16(16+1)}{4}=\frac{4^2(4^2+1)}{2}=34$이다.

일반적으로 하나의 4차 마방진으로부터 적절한 변형을 시도하면 3개의 4차 마방진을 더 얻을 수 있다. 아그리파의 방법 외에 다양한 방법으로 4차 마방진의 기본형을 220개 만들 수 있으므로 4차 마방진은 모두 880개가 있는 셈이다.

생각하기 1

5차 마방진을 바쉐의 방법으로 만들어 보시오.

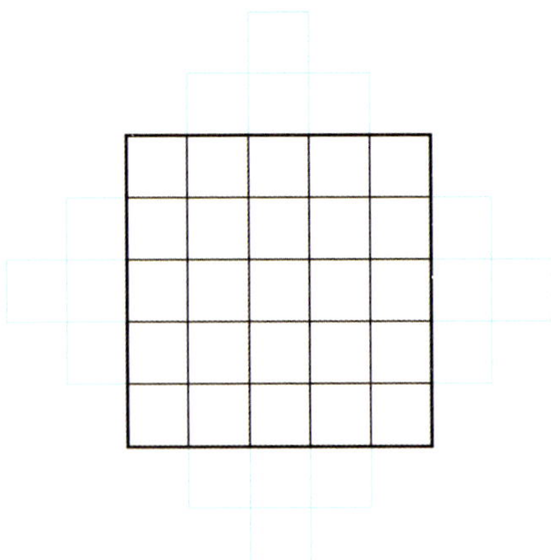

생각하기 2

4차 마방진을 만든 아그리파 방법을 이용하여 8차 마방진을 만들 수 있다. 1부터 64까지 순서대로 쓴 다음 네 개의 4×4 행렬로 구분한 다음 각각의 4×4 행렬에서 아그리파 방법을 이용하시오.

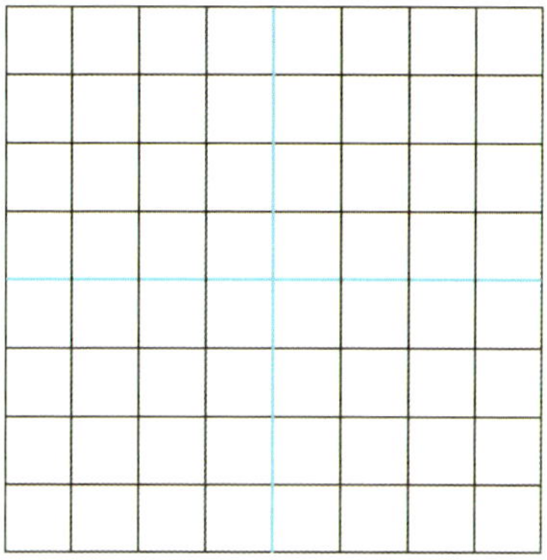

생각하기 3

본문에서 소개한 지수귀문도에서 꼭짓점의 수들을 다르게 배열하여 총합이 89, 91, 95, 97 등 다양하게 나오도록 만들어 보시오.

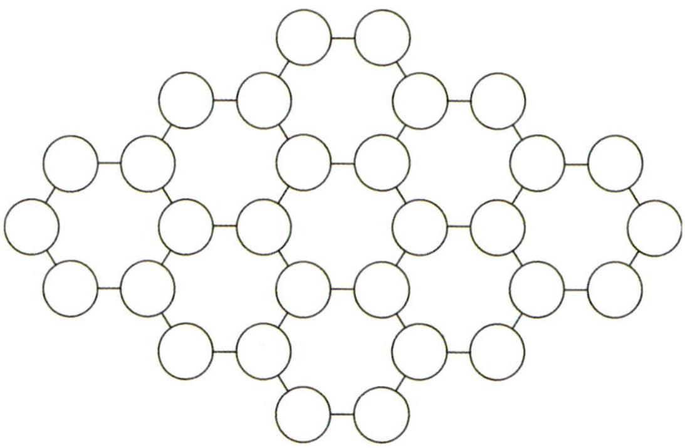

chapter
02 비둘기집의 원리

내 머리카락 수는 몇 개나 될까? 내가 살고 있는 도시의 사람들 중 머리카락 수가 같은 사람이 있을까? 궁금증을 해결하기 위해 현재 내가 살고 있는 도시 사람들의 머리카락을 모두 세어볼 수는 없는 일이다. 더욱이 보통 사람의 머리카락 수는 최대 15만개가 된다고 하니 얼마나 많은 시간이 걸리겠는가?

다음과 같이 생각하면 쉽게 해결할 수 있다. 예를 들어 진주시를 생각해 보자. 진주시 인구는 약 35만 명이다. 한 사람의 머리카락 수는 평균 10만개에서 15만개라 한다. 특별한 경우에도 30만개를 넘지 않을 것이다. 그러면 머리카락 수가 0개부터 30만개까지 각 숫자에 해당하는 사람이 한 명씩 있다하더라도 30만 명밖에 되지 않는다. 나머지 5만 명은 머리카락 수가 0개에서 30만개 사이의 어느 하나에 해당 될 것이다. 그렇게 되면 누구인지는 몰라도 적어도 머리카락 수가 같은 사람이 존재하게 된다. 이 문제를 해결하는데 사용된 원리는 다음과 같다.

비둘기집의 원리

n+1 마리의 비둘기를 n개의 집에 넣을 때 적어도 어느 한 집에는 두 마리 이상의 비둘기가 들어간다.

비둘기집의 원리는 1834년 독일의 수학자 디리클레(Dirichlet)가 수체계에 대한 이론을 전개하면서 이용한 원리로서, 처음에는 "미닫이창의 원리", "서랍원리"로 불리다가 1940년에 와서 비둘기집의 원리가 되었다. 비둘기집이라는 용어를 택할 당시 서양에서는 편지를 원통형으로 말아서 사용하였고, 여러 개의 원통형 구멍으로 칸이 나뉘어져 있는 보관함을 이용하였다. 이 편지함이 10개의 구멍을 가지고 있고 편지가 올 때마다 순서대로 구멍 하나에 한 통씩 넣어 보관한다면 11번째 온 편지는 이미 편지가 들어가 있는 구멍에 넣어 보관할 수밖에 없었다. 이것이 디리클레가 말한 서랍원리와 같다는 것을 알고, 그 모양이 비둘기집처럼 보인다고 하여 비둘기집이라고 부르게 된 것이다.

비둘기집의 원리는 간단하게 보이지만 정수론, 기하학, 조합론 등 여러 가지 분야에서 널리 쓰이고 있다.

생각하기 1

검은 양말 10켤레와 회색 양말 10켤레를 가지고 있다. 양말색을 구분하기 어려운 어두운 곳에서 양말을 꺼내 신어야 할 때, 최소한 몇 개의 양말을 꺼내야 짝이 맞는 양말 한 켤레를 챙길 수 있을까?

생각하기 2

그림과 같이 한 변의 길이가 20 m인 정사각형 모양의 밭이 있다. 여기에 사과나무를 심으려고 한다. 나무 각각의 간격을 15 m 이상 떨어지게 하여 심어야 하는데, 나무 5그루를 심을 수 있겠는가? 그 이유를 설명하시오.

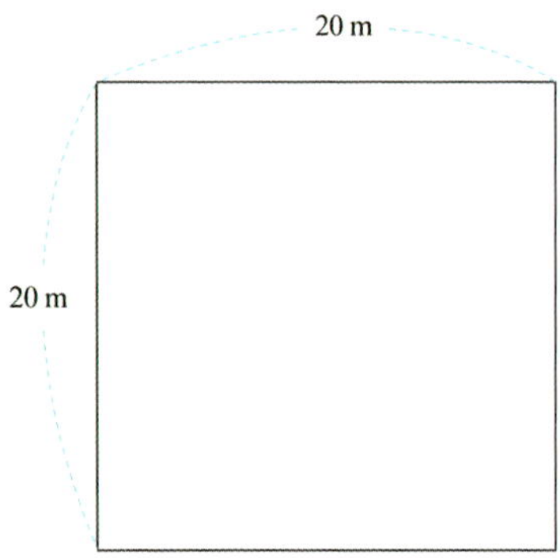

chapter 03 거북이를 이길수 없는 아킬레스

역설(paradox)은 그리스어 para(반대)와 dox(상식적인 견해)의 합성어로 '상식에 반하는 사고방식'을 의미한다. 통상적으로 일반적인 판단에 반하는 결과를 유도하거나 그 설에 반론할 정당한 근거를 찾아내기 어려울 때 그것을 역설이라 한다.

그리스 엘레아 학파의 철학자 제논(Zenon)은 그의 스승 파르메이데스(Parmenides)의 학설을 옹호하기 위해 여러 가지 역설을 주장하였다. 존재가 유일하지 않고 움직인다는 상대방 이론의 모순을 유도하여 일원성과 불변에 대한 파르메니데스 주장을 합리화하였다. 제논이 주장한 40여개의 역설 중 대표적인 것은 '이분법의 역설', '화살의 역설', '경기장의 역설', '아킬레스와 거북이의 역설'이다.

○ 이분법의 역설

이분법의 역설은 '움직임이란 존재할 수 없다'는 주장이다. 왜냐하면 도착점에 도달하려면 중간지점을 통과해야 하고, 중간지점에 통과하기 전에 4분의 1지점을 반드시 통과해야 한다. 또 그 4분의 1지점을 통과하기 전에는 8분의 1지점을 통과해야 하는데 이것을 계속 반복하면 결코 출발할 수가 없다는 것이다.

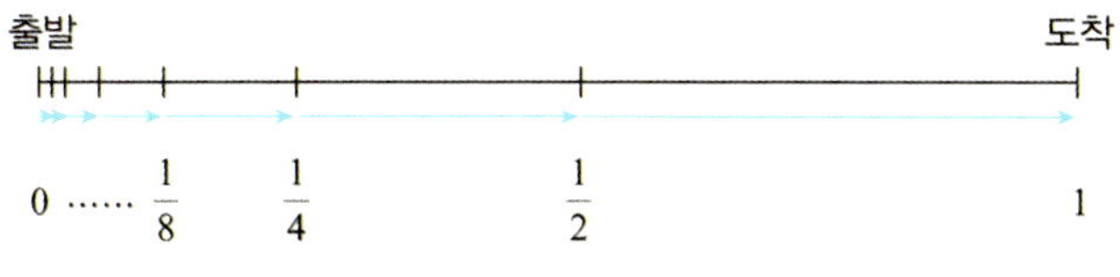

○ 화살의 역설

화살의 역설은 '날아가는 화살은 날지 않는다'는 주장이다. 즉 날아가는 화살은 어떤 한 순간에는 일정한 위치에 있게 되고, 결국 각각의 순간에는 정지하고 있다. 피타고라스 학파의 주장대로 시간은 크기가 없는 무한한 시각의 모임이라면 정지한 상태가 무한히 많기 때문에 화살은 운동한다고 할 수 없다. 따라서 활시위를 떠난 화살은 날아가므로 피타고라스 학파의 주장은 잘못이라는 것이다.

○ 경기장의 역설

경기장의 역설은 '일정한 시간은 그 시간의 두 배와 같다'라는 주장이다. 경기장에서 세 개의 행렬 A, B, C가 있고 각 행렬에는 크기가 같은 물체가 네 개씩 있다고 가정하자. A행렬은 움직이지 않고 제자리에 정지해 있고, B행렬은 일정한 속도로 오른쪽으로 움직이고, C행렬은 일정한 속도로 왼쪽으로 움직이며 A행렬을 지나쳐 간다. 이때, B와 C의 각 물체는 A의 각 물체를 1개씩 지나치지만 동시에 B와 C는 서로에 대해서 2개씩 움직이게 되는 것이다. 여기서 물체 1개를 지나는 최소 시간단위를 T라 하고, 아래 그림과 같이 B4 또는 C1이 A의 물체 1개를 지나는 데 걸리는 시간을 T라 하자. 그런데 B4는 C의 물체 2개를 지나게 되므로 일정한 시간 T는 그 시간의 두 배 2T와 같다는 모순이 일어난다. 즉 동일한 시간동안 같은 속도로 움직이지만 움직임의 양이 달라지게 되는 것이다.

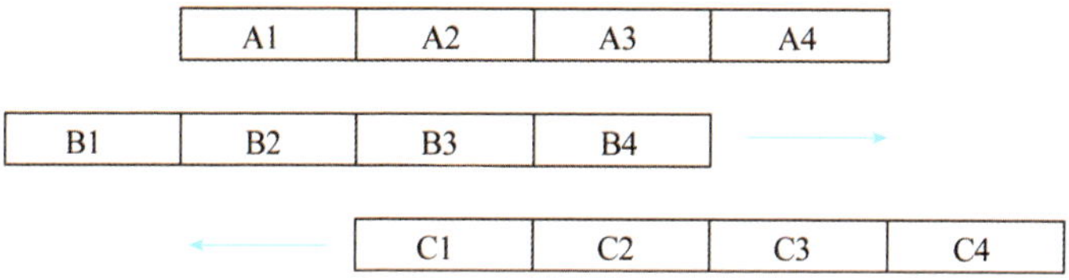

○ 아킬레스와 거북이의 역설

아킬레스와 거북이의 역설은 가장 유명한 역설로 '아킬레스보다 거북이가 먼저 출발하면 아킬레스는 거북이를 영원히 따라잡을 수 없다'이다. 아킬레스는 그리스 신화에 등장하는 인물로 빠르기로 유명하다. 당연히 거북이를 이길 것이다. 그러나 제논은 피타고라스 학파의 주장대로 시간이나 거리를 비롯한 세상의 모든 것을 무한히 나눌 수 있다고 하면 아킬레스는 거북이를 결코 이길 수 없다는 주장이다.

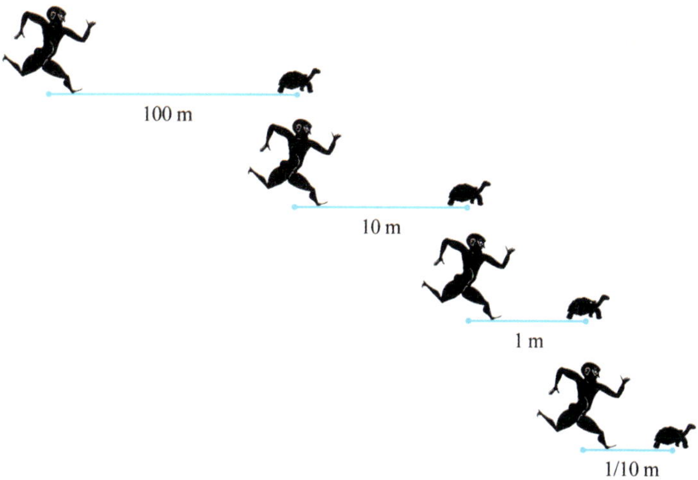

예를 들어 아킬레스의 속도가 거북이의 속도보다 10배 빠르고, 거북

이가 아킬레스보다 100m 앞에서 출발한다고 가정하자. 아킬레스가 거북이가 출발한 지점으로 가는 동안 거북이도 앞으로 나아간다. 즉, 거북이는 아킬레스 속도의 1/10배 이므로 아킬레스가 100m 지점에 도착했을 때 거북이는 10m 앞서 있게 된다. 다시 아킬레스가 그 지점까지 가면 거북이는 1m 앞서게 된다. 이렇게 계속하면 아킬레스와 거북이 사이의 간격이 점점 좁혀지기는 하지만 거북이는 아킬레스보다 항상 조금이라도 앞서 있게 되므로 아킬레스는 거북이를 추월할 수 없다.

제논의 주장이 옳지 않다는 것은 누구나 알 수 있다. 하지만 그 주장에서 오류를 찾아 설명하라고 하면 명쾌하게 설명하기 쉽지 않다. 이 역설에서의 모순은 무한의 개념만 고려하고 시간을 고려하지 않았기 때문이다. 아킬레스가 거북이가 있던 위치까지 달려가는 동안의 시간을 생각해 보자. 아킬레스가 1초에 10m를 간다고 하면, 처음 거북이가 있던 위치까지 100m 가는데 10초 걸린다. 그 다음 거북이가 있는 위치까지 10m를 가는데 1초 걸린다. 다시 거북이가 있는 위치까지 1m를 가는 동안 0.1초 걸린다. 이렇게 걸린 시간을 모두 더하면 무한등비급수 개념에 의해 다음과 같이 계산된다.

$$10 + 1 + 0.1 + 0.01 + 0.001 + \cdots = \frac{10}{1 - \frac{1}{10}} = \frac{100}{9}\text{(초)}$$

즉 100/9초가 지나는 순간 아킬레스는 거북이를 추월하게 된다.

제논의 역설들이 잘못되었음을 밝히려는 노력으로 미적분학의 기초라 할 수 있는 무한대와 무한소의 개념이 점점 다져지게 되었으며, 극한의 개념을 이용한 수학적 해결은 제논의 역설이 등장한 후 2000년이나 지난 후에 이루어졌다.

제논의 역설들은 시간과 공간에 관한 문제들로 한없이 진행한다는 무한의 의미가 포함되어 있다. 그러나 그 당시 무한을 인식의 대상으로 삼지 않았기 때문에 극복하기 어려운 문제였지만 지금은 논리학과 철학뿐 아니라 과학, 문학, 예술, 교육 등 다양한 분야에서 폭넓게 응용되고 있다.

생각하기 1

제논의 역설 중에서 '이분법의 역설'에서 모순을 찾고 그 이유를 설명하시오.

생각하기 2

제논의 역설 중에서 '경기장의 역설'의 결론이 성립하지 않음을 증명하시오.

chapter
04 도박에서 시작된 확률

수천 년 전부터 사람들은 주사위 놀이를 즐겨왔다. 기원전 3500년경 주사위 놀이에 사용된 것으로 보이는 양의 뒤꿈치 뼈가 발견되었으며, 기원전 300년경 바빌론에서 사용된 것으로 보이는 담황색 도자기는 거의 정육면체 주사위에 가깝다. 우리나라 신라시대에도 주사위 놀이를 즐겼던 것으로 보인다. 경주 안압지에서 발견된 '주령구'는 정사각형 6개와 육각형 8개의 면으로 이루어진 14면체 주사위로 각 면에 다양한 벌칙이 적혀 있다.

주령구를 던졌을 때 각 면이 나올 확률은 어떠할까? 정사각형과 육각형 서로 모양이 다른데 공평하다고 할 수 있을까?

실제로 면의 넓이를 계산해 보면 정사각형은 $6.25cm^2$, 육각형은 $6.265cm^2$로 넓이가 거의 같다. 그래서 각 면이 나올 확률이 1/14이라 할 수 있다.

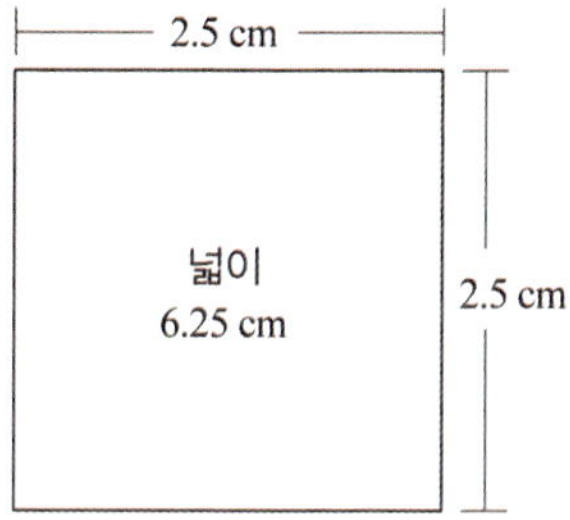

정사각형 모양의 면

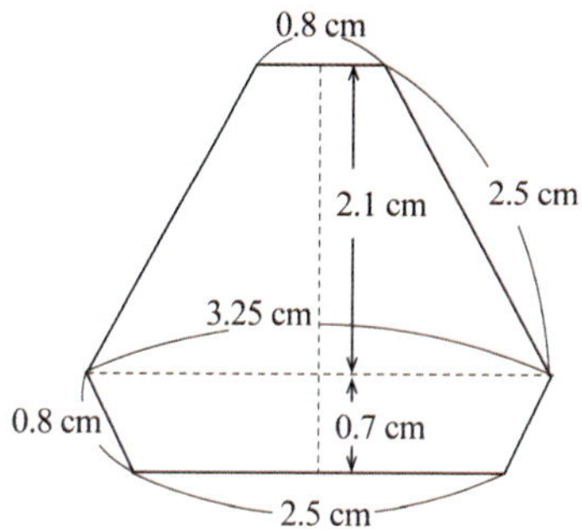

육각형 모양의 면

주사위를 던져서 나오는 결과들은 사실상 무작위이므로 '우연'과 관련된다. 오랫동안 이러한 게임을 해왔지만 여러 가지 다양한 결과에 대해 수학적으로 계산할 수는 없었다. 16세기경 도박을 좋아했던 이탈리아 수학자 카르다노(Girolamo Cardano)는 우연 게임에서 이길 확률을 계산하는데 수학을 사용하였다. 이 시점을 확률 개념이 이론화된 출발점으로 보기도 하지만 결정적으로 도박사 메레가 파스칼에게 보낸 두 가지 문제에서 확률론이 시작된다.

프랑스의 도박사 메레는 수학 실력이 꽤 있었는데, 이를 도박에 이용하여 많은 이익을 얻었다. 그러나 그는 다음 두 가지 문제 상황에 대해서 의문이 들어 1654년 친구인 수학자 파스칼(Blase Pascal)에게 편지를 보내 물었다.

첫 번째 문제는 다음과 같다.

주사위 한 개를 4번 던졌을 때 6이 적어도 한 번 나오는 경우와 주사위 두 개를 24번 던졌을 때 (6, 6)이 적어도 한 번 나오는 경우 중 어느 것이 더 유리한가?

메레는 전자의 경우 6가지 경우가 있는 주사위 한 개를 4번 던지는 것이고, 후자의 경우 36가지 경우가 있는 주사위 두 개를 24번 던지는 것이므로 6:4=36:24가 되어 비가 같기 때문에 두 가지 상황 어디에 돈을 걸어도 같다고 생각하였다. 그런데, 실제로 두 개의 주사위를 24번 던져서 (6, 6)이 나오는 경우에 돈을 걸었을 때 손해 보는 일이 더 많았다.

실제로 주사위를 4번 던져서 6이 적어도 한 번 나올 확률은 전체 1에서 6이 나오지 않을 확률 $\left(\frac{5}{6}\right)^4$을 제외한 경우로 $1-\left(\frac{5}{6}\right)^4$이므로 약 0.516이다. 두 개의 주사위를 24번 던져서 (6, 6)이 적어도 한 번 나올 확률은 같은 방법으로 $1-\left(\frac{35}{36}\right)^{24}=0.491$이 되기 때문에 전자의 경우가 더 유리하다.

두 번째는 득점 문제이다.

같은 정도의 기술을 가진 두 사람 A와 B가 돈을 걸고 게임하여 5점을 먼저 얻는 사람이 낸 돈을 모두 갖기로 하였다. A와 B의 점수가 3:2인 상황에서 게임이 중단될 때, 내기 돈을 어떻게 나누어야 하는가?

즉, A가 승리하기 위해서는 2점, B가 승리하기 위해서는 3점을 각각 얻어야하는 상황이다.

파스칼은 쉽게 해결하지 못하고 페르마와 편지를 주고받으며 해결방법을 논의하였다. 파스칼과 페르마는 도중에 내기를 그만둘 때는 각 도박꾼이 이길 수 있는 가능성의 정도에 따라 돈을 나눠 가져야 한다는 데 의견을 같이 했다. 각자의 설명 방법은 달랐지만 결론은 같았다. 이렇게 시작된 확률론은 스위스의 수학자 베르누이와 프랑스의 수학자 드무아브르에 의해 급속히 발전하였다.

| 페르마의 풀이 |

A가 승리하는 경우를 a, B가 승리하는 경우를 b로 나타내자.

네 번 더 시행하면 경기 결과는 명백하게 결정되기 때문에 다음과 같은 16가지의 경우를 찾을 수 있다.

aaaa	aaab	abba	bbab
baaa	bbaa	abab	babb
abaa	baba	aabb	abbb
aaba	baab	bbba	bbbb

a가 두 번 이상 나오는 경우는 A가 이기는 경우이며 총 11가지이다. 또 b가 세 번 이상 나오는 경우는 B가 이기는 경우로 총 5가지이다. 따라서 11:5의 비율로 분배해야 한다.

이를 일반화하여 A는 m득점이 필요하고 B는 n득점이 필요한 경우로 생각하면, a와 b를 동시에 (m+n-1)개 택하는 2^{m+n-1}가지의 경우를 모두 찾아서 그 중 a가 m번 이상 나타나는 경우의 수 α, b가 n번 이상 나타나는 경우의 수 β 를 구하면 $\alpha : \beta$ 이다.

| 파스칼의 풀이 |

아래 그림과 같이 파스칼 삼각형이라 부르는 산술 삼각형을 이용할 수 있다. 이 파스칼 삼각형은 여러 가지 성질을 갖고 있는데 n개에서 r개를 택하는 조합[5]의 수 C(n, r)을 나타내기도 한다. A는 2점을 얻어야 하고 B는 3점을 얻어야 하는 경우이므로 (3+2)째 대각선을 택하면, C(4, 4)=1, C(4, 3)=4, C(4, 2)=6, C(4, 1)=4, C(4, 0)=1임을 알 수 있다. 따라서 [C(4, 4) + C(4, 3) + C(4, 2)] : [C(4, 1) + C(4, 0)] = (1+4+6) : (4+1) =

5) 서로 다른 n개 중에서 r개(n ≥ r)를 취하여 조를 만들 때, 이 하나하나의 조를 n개 중에서 r개를 취한 조합이라 한다. ${}_nC_r = \frac{{}_nP_r}{r!} = \frac{n!}{r!(n-r)!}$

11 : 5 이다.

1	1	1	1	1	1	···
1	2	3	4	5	6	···
1	4	6	10	15	21	···
1	4	10	20	35	56	···
1	5	15	35	70	126	···
1	6	21	56	126	252	···
·	·	·	·	·	·	

이것을 일반화하여 A는 m점을 얻어야 하고 B는 n점을 얻어야 하는 상황이라 하면, 파스칼 삼각형에서 (m+n)째 대각선을 택하여 처음 n개 성분의 합 α와 마지막 m개 성분의 합 β를 구하여 $\alpha : \beta$을 얻을 수 있다.

생각하기 1

파스칼 삼각형에서 여러 가지 규칙을 찾아보시오.

1
1 1
1 2 1
1 3 3 1
1 4 6 4 1
1 5 10 10 5 1
1 6 15 20 15 6 1
1 7 21 35 35 21 7 1
1 8 28 54 70 54 28 8 1
1 9 36 84 126 126 84 36 9 1
1 10 45 120 210 252 210 120 45 10 1
1 11 55 165 330 462 462 330 165 55 11 1

chapter

05 윷놀이와 확률

윷놀이는 삼국시대 이전부터 전해오는 우리나라 고유의 민속놀이로 대개 정월 초하루부터 보름날까지 가족단위로 즐긴다. 윷놀이는 29개의 동그라미를 그린 윷판을 놓고 편을 갈라 각자 4개의 윷가락을 던지며 노는 놀이이다. 윷가락을 던져서 나오는 모양에 따라 도, 개, 걸, 윷, 모라 하여 한 발부터 다섯 발까지 가서 말 4개가 모두 출구를 먼저 빠져나가는 편이 이기게 된다. 말을 움직일 때 상대의 말을 잡을 수도 있고, 업고 갈 수도 있는 등 다양한 전략이 있어 재미를 느낄 수 있다.

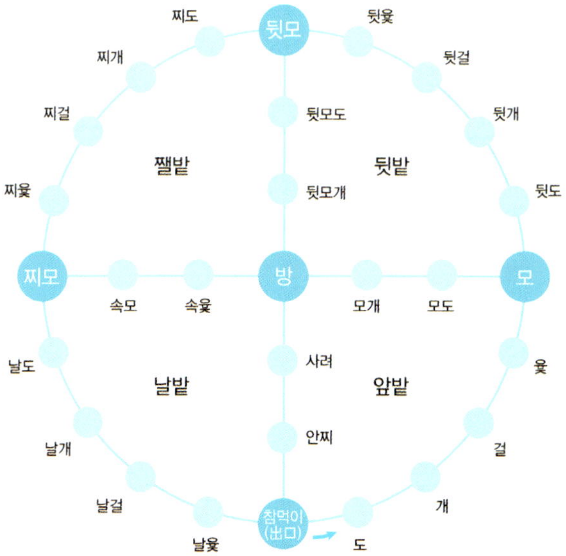

요즘은 사각형 모양의 윷판이 많이 사용되고 있으나 전통사회에서는 원모양으로 그려 사용하였다. 이 윷판은 태양의 운행에 따른 24절기의 주행을 나타낸다고 한다. 윷판은 29개의 점이 사용된다. 바깥에 있는 20개의 점은 원을 그리고 있으며 사계절을 나타내고, 원 안에 있는 점들은 밭 전(田)자 형상을 띄며 땅을 의미한다. 선조들은 윷말을 움직여 계절을 변화시키면서 풍년농사를 기원하였다.

기록에 따르면 윷놀이는 부여족(夫餘族) 시대에 다섯 종류의 가축을 다섯 부락에 나누어주어 그 가축들을 경쟁적으로 번식시키는 일에 비유된 놀이에서 비롯되었다고 한다. 그래서 윷패에서 도는 돼지, 개는 개, 걸은 양, 윷은 소, 모는 말에 비유된다. 또 가축의 크기와 빠르기에 따라 윷말의 움직임이 결정된 것인데, 갈 수 있는 칸의 수는 순서대로 1, 2, 3, 4, 5이다. 갈 수 있는 칸의 수가 많을수록 윷을 던졌을 때 나올 확률이 낮은 것이 보편적이다. 그렇게 보면 도 보다는 개, 개보다는 걸, 걸보다는 윷, 윷보다는 모가 더 적게 나올 것이라 생각할 수 있다.

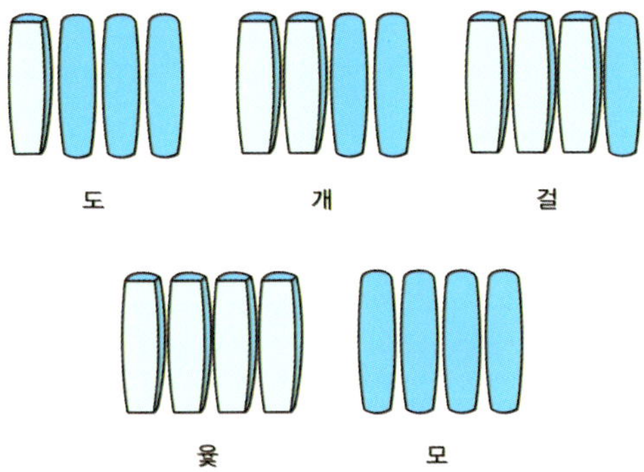

윷놀이를 통해 확률의 원리를 살펴보자. 먼저 윷가락 한 개를 던질 때 엎어지거나 뒤집어질 확률이 똑같이 1/2이라 하고, 도, 개, 걸, 윷, 모가

나올 확률을 구해보자(엎어지는 경우를 '등', 뒤집어지는 경우를 '배'라 하자). 어떤 사건이 일어날 확률은 다음과 같다.

$$\frac{(\text{어떤 일이 일어날 수 있는 경우의 수})}{(\text{일어날 수 있는 모든 경우의 수})}$$

윷가락 4개를 던질 때 나타날 수 있는 총 경우의 수는 2×2×2×2=16이다. 도가 나오는 경우는 등등등배, 등등배등, 등배등등, 배등등등, 총 4가지이므로 도가 나올 확률은 4/16=0.25이다. 개가 나오는 경우는 6가지(등등배배, 등배등배, 배등등배, 배배등등, 등등배배, 배등배등, 등배배등)이므로 확률은 6/16=0.375이다. 걸이 나오는 경우는 4가지(배배배등, 배배등배, 배등배배, 등배배배)이므로 확률은 4/16=0.25이다. 윷(배배배배)과 모(등등등등)가 나오는 경우는 각각 1가지이므로 확률은 동일하게 1/16=0.0625이다. 개가 나올 확률이 가장 높고 다음으로는 도와 걸, 그 다음으로는 윷과 모의 순이다.

실제로 윷놀이를 하면 어느 것이 가장 자주 나오게 될까? 보통은 개와 걸이 가장 많이 나온다. 또 모 보다는 윷이 더 자주 나온다. 일반적으로 윷놀이에 사용되는 윷의 단면은 반원이 아니라 아래 그림과 같이 원의 중심에서 약간 아래 부분이 잘려나간 모양이다.

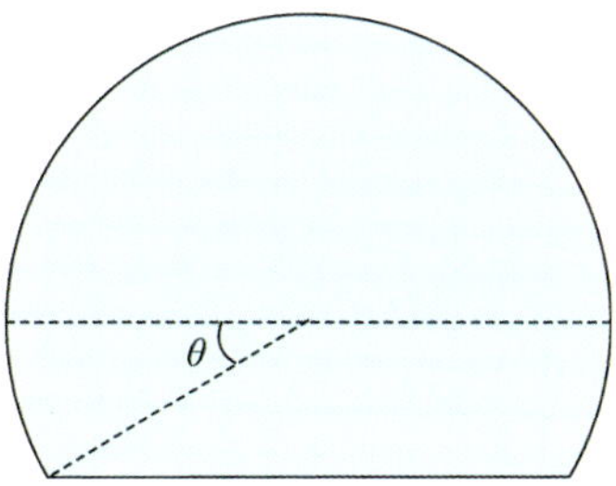

결국 얼마나 잘라냈는가에 따라 엎어질 확률과 뒤집어질 확률이 달라진다. 또 윷가락을 던질 때와 굴릴 때의 확률이 달라진다.

윷가락을 던질 때 윷의 회전중심으로부터 곡면, 평면, 모서리의 거리 등 물리학적 조건을 고려하여 논리적으로 계산하면 엎어질 확률이 0.3287이고, 뒤집어질 확률이 0.6713이다. 각각의 윷에 대해 엎어지는 경우와 뒤집어지는 경우가 독립적이라고 하면 동시에 던진 4개의 윷 중에서 엎어지는 윷의 수는 이항분포를 따를 것이다. 즉 1회의 시행에서 윷이 엎어질 확률이 P일 때, n회 독립시행에서 윷이 r번 엎어질 확률은 ${}_{n}C_{r}P^{r}(1-P)^{n-r}$이다(윷이 4개이므로 n=4). 이를 이용하여 계산하면 도는 0.0954, 개는 0.2921, 걸은 0.3977, 윷은 0.2031, 모는 0.0117의 확률을 갖는다.[6)]

만약 윷을 던지지 않고 굴린다고 하면 확률은 달라진다. 윷을 굴리면 윷이 엎어졌을 때 모서리로 섰다가 다시 뒤집어질 때 필요한 운동에너지, 반대로 윷이 뒤집어졌을 때 모서리로 섰다가 다시 엎어질 때 필요한 운동에너지 등을 고려하여 계산할 수 있다. 이 때 윷가락이 엎어질 확률은 0.5645라 한다. 즉 던질 때와 달리 윷이 뒤집어져서 평면이 나올 확률보다 엎어져서 곡면이 나올 확률이 크다는 것이다. 이를 이용하여 계산하면 도는 0.3365, 개는 0.3513, 걸은 0.1629, 윷은 0.084, 모는 0.1209라 한다.[7)] 어쨌거나 실제 윷을 던질 때보다 굴릴 때 엎어질 확률이 커서 걸

---

6) ${}_{n}C_{r} = \frac{n!}{ri(n-r)!}$

도 : ${}_{4}C_{3}(0.3287)^{3}(0.6713)^{1} = 4\times0.3287^{3}\times0.6713$

개 : ${}_{4}C_{2}(0.3287)^{2}(0.6713)^{2} = 6\times0.3287^{2}\times0.6713^{2}$

걸 : ${}_{4}C_{1}(0.3287)^{1}(0.6713)^{3} = 4\times0.3287\times0.6713^{3}$

윷 : ${}_{4}C_{0}(0.3287)^{0}(0.6713)^{4} = 0.6713^{4}$

모 : ${}_{4}C_{4}(0.3287)^{4}(0.6713)^{0} = 0.3287^{4}$

7) 출처 : 김미경, 허명회(1995). 윷의 확률, Proceedings of the Spring Conference, Korean Statistical Society.

보다는 도가, 윷보다는 모가 나올 확률이 더 높다. 실제 윷놀이할 때는 윷을 던지는 방법을 규칙으로 정해야 할 것 같다.

이렇게 이론적으로 계산한 논리적 확률이 실제와 같은지 설날 가족들과 함께 윷놀이를 즐기며 도, 개, 걸, 윷, 모 각각이 나올 확률을 경험적으로 따져보는 것도 하나의 재미가 될 것 같다.

생각하기 1

실제 윷을 100회 이상 던져서 도, 개, 걸, 윷, 모가 나오는 경우의 수를 구하여 경험적 확률을 구해보고, 논리적 확률과 비교해 보시오.

chapter
06 게임의 전략

여럿이 모인 자리에서 친목을 도모하기 위해 갖가지 게임을 하곤 한다. 구구단게임, 369게임, 31게임 등 숫자를 이용하는 게임들이 많다. 여러분은 한 번쯤 '31게임'을 해본 적이 있을 것이다. 31게임이란 주로 1부터 31까지의 수를 1부터 차례대로 1개부터 최대 3개까지 불러 마지막 수 31을 말하는 사람이 지는 방식으로 이루어진다. 이 때 21이든 25든 마지막 숫자는 달리해도 관계 없다. 단순하게 보이는 게임에도 반드시 규칙은 있다. 규칙을 수학적으로 분석하면 승리할 가능성이 높아진다.

2명이서 31게임을 할 때 필승 전략이 있을까? 마지막 결과에서부터 거꾸로 생각해보자. 상대가 31을 말하게 하려면 내가 30까지 외치며 된다. 그 전에 나는 26을 외쳐야 하고, 그 전에는 22를 외쳐야 한다. 그 이유는 다음과 같다. 내가 30을 외치는 경우는 (28, 29, 30), (29, 30), (30) 세 가지 이다. 상대가 27을 말하면 나는 28, 29, 30을 말하고, 상대가 27, 28을 말하면 나는 29, 30을 말하고, 상대가 27, 28, 29를 말하면 나는 30을 말한다. 즉 상대가 수 1개를 말하면 나는 3개, 상대가 2개를 말하면 나는 2개, 상대가 3개를 말하면 나는 1개를 말한다. 이렇게 하면 상대가 몇 개를 외치든 항상 수 4개 즉, 한번에 외칠 수 있는 수는 최대 3개이므로 3+1=4씩 없앨 수가 있다.

30부터 4만큼 차이를 두는 수는 26, 22, 18, 14, 10, 6, 2이다. 30까지 외치기 전에 26, 22, 18, 14, 10, 6, 2 중 한 가지라도 먼저 내가 외치기만 하면 그 이후에는 위의 방법대로 수 4개씩 없애서 30을 외칠 수 있고 상대는 어쩔 수 없이 31을 말하게 된다.

만약 인원이 많아지면 어떻게 해야 할까? 4명이서 이 게임을 할 때, 두 사람이 전략을 알고 있으면 다른 두 명 중 한명을 잡을 수 있다. 전략을 알고 있는 두 명이 하나 건너 뛰어 자리 잡고 앉아서 전략대로 수 4개씩 없애서 2, 6, 10, 14, 18, 22, 26, 30을 외치면 그 사이에 앉은 나머지 두 명 중 한 명이 반드시 걸리게 되어 있다.

31게임은 Nim 게임에서 변형된 것이다. Nim 게임은 구슬이나 바둑돌 등을 두 명이 번갈아 가면서 가져가다가 마지막 구슬을 가져간 사람이 이기는(혹은 지는) 게임이다. Nim은 'take'라는 옛 영어단어로부터 나온 것으로, 독일어로는 'nehmen'이라고 한다. Nim 게임에 대한 명칭은 '님게임', '떼어내기 게임', '분리 게임' 등으로 불리고 있으며, 바둑돌, 구슬, 성냥개비 등 무엇이든 게임의 재료로 사용할 수 있다. 이 게임은 시작하는 돌의 개수, 가져가는 돌의 개수의 조건 등을 다양하게 변화시켜서 새롭게 구성할 수 있다. 또는 돌을 2줄, 3줄 등으로 나누어 늘어놓고 조건을 변경할 수도 있다. 물론 조건을 변경하면 필승 전략도 달라진다.

이제 Nim 게임을 해보자.

| 게임1 |

흰색 바둑돌 20개와 검정색 바둑돌 1개를 둔다. 두 사람이 순서를 정하고 번갈아 가면서 최소 1개에서 최대 3개까지의 바둑돌을 가져간다. 마지막의 검정색 돌을 가져가는 사람이 이긴다.

이 게임에서 반드시 이길 수 있는 필승 전략이 있겠는가? 앞에서 설명

한 31게임의 전략을 적용해보자. 마지막 검정색 돌을 가져갈 때 이기는 게임이므로 상대방이 최대한 3개를 가져가더라도 20번째 돌까지만 가져갈 수 있도록 해야 한다. 그러기 위해서 나는 17번째 돌까지 가져가야 한다. 그러면 상대가 1개, 2개, 또는 3개를 가져갈 때 마지막 검정색 돌을 가져갈 수 있다. 같은 방법으로 4개씩 차이를 둔다면 13, 9, 5, 1번째 돌을 가져가면 이길 수 있다.

일반화 하여 바둑돌의 개수를 전체 N+1개, 한 번에 가져갈 수 있는 최대 개수를 k개라 하고, 마지막 돌을 가져가는 사람이 이기는 것으로 하자.

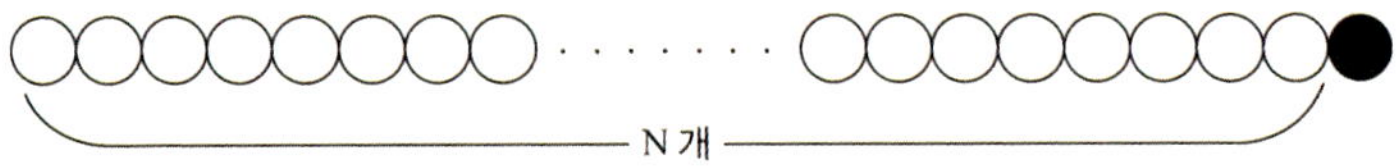

$N=(k+1)Q+r$로 나타낸다.

i) $r>0$ 일 때는 먼저하는 사람에게 필승 전략이 있다.

먼저 하는 사람이 r개만큼 가져가고 뒤에 하는 사람이 넘겨받고 남은 개수(N')에 대하여 $N'=(k+1)Q'+r'$의 r'가져간다. 즉 상대가 가져간 개수(s)와 내가 가져갈 개수(m)에 대하여 $s+m=k+1$이 되도록 한다.

ii) $r=0$ 일 때는 나중에 하는 사람에게 필승 전략이 있다.

먼저 상대방이 가져가도록 하여 $N'=(k+1)Q'(r'>0)$인 상황을 만든 뒤 r'개만큼 가져간다. 드 뒤부터는 상대가 가져간 개수(s)와 내가 가져갈 개수(m)에 대하여 $s+m=k+1$이 되도록 한다.

게임2

가운데에 검정색 바둑돌을 두고 왼쪽에는 흰색 바둑돌 7개, 오른쪽에는 흰색 바둑돌 13개를 나란히 둔다. 두 사람이 번갈아 가면서 왼쪽 또는 오른쪽 중 어느 한쪽 방향에서만 최소 1개에서 최대 3개까지의 같은 색 바둑돌을 빼간다. 검은색 바둑돌을 가져가는 사람이 진다.

이와 같이 조건을 변화시켜서 새로운 문제를 만들 수 있다. 게임의 구조를 파악하고 필승 전략을 탐색하는 추론 과정은 수학적 사고력과 창의력을 신장시킬 수 있는 좋은 경험이 될 수 있다.

생각하기 1

본문에서 제시한 게임2를 일반화하여 가운데 검정 바둑돌 1개, 왼쪽에 m개, 오른쪽에 n개의 바둑돌이 있고 한 번에 가져갈 수 있는 최대 개수를 k라 할 때, 검정 바둑돌을 가져가는 사람이 이기는 게임의 필승 전략을 찾아보시오.

chapter

07 비밀 문서

암호학은 수학과 컴퓨터 공학의 한 갈래로 과거에는 군사적 목적이나 외교통신에 많이 사용되었으며, 현대에는 ATM 카드, 컴퓨터 비밀번호, 전자상거래 등 우리 일상생활에서 자주 쓰이는 필수 불가결한 분야이다.

암호는 4000여 년 전 이집트 나일강변에 있는 미네쿠프란 마을에서 한 문필가가 통치자의 일생을 기록하기 위해 석판에 상형문자를 남긴 것이 시초이다. 그 문필가는 상형문자 속에 암호의 한 방법인 환자(換字)[8]를 사용했는데, 결과적으로 내용을 숨긴 것이므로 암호의 효시로 여겨진다.

그 이후 19세기 말까지 수동적인 원리와 대칭적인 비밀키를 이용하는 방식으로 전치(轉置)암호와 치환(置換)암호를 사용하였다. 최초의 암호장치는 기원전 400년경 고대 그리스인들이 군대에 비밀 메시지를 보낼 때 사용되었다. 장군을 다른 지역에 파견할 때 길이와 굵기가 같은 나무봉 2개를 만들어 하나는 본부에 두고 나머지는 파견인에게 주었다. 이것은 '스키테일(Scytale)'이라 불리는데, 가는 막대기에 통신문을 적은 양피지를 나선형으로 감아 사용했다. 가늘고 길쭉한 양피지를 펴면 이해할 수 없는 글자가 나타나지만, 이것을 막대기에 감으면 통신문이 나타나는 방식이다. 이 스키테일 암호는 문장의 글자 순서를 바꾸는 전치암호인 셈이다.

---

8) 특정한 단어를 다른 단어로 바꿔 표기하는 방법이다.

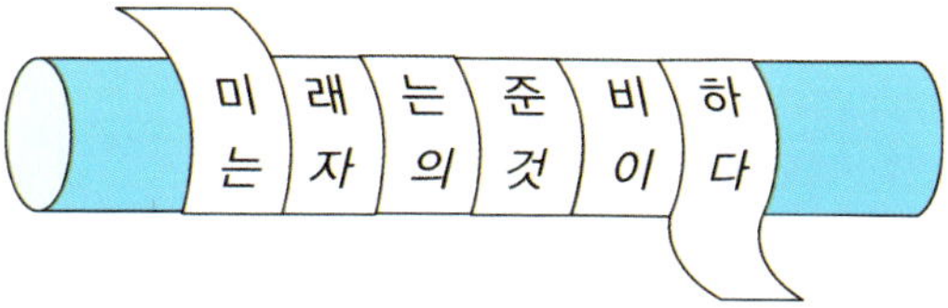

전치 암호는 메시지에 사용되는 문자의 순서를 재배열하는 방법이다. 전치 암호를 수학에서는 행렬로 이해할 수 있다. 이를테면 $\begin{pmatrix} 1 & 2 & 3 \\ 4 & 5 & 6 \end{pmatrix}$은 행이 2개, 열이 3개 이므로 2×3행렬이고, 행과 열을 바꾸어 $\begin{pmatrix} 1 & 4 \\ 2 & 5 \\ 3 & 6 \end{pmatrix}$ 행이 3개, 열이 2개로 바뀌는 3×2행렬은 전치행렬이다. 만약 'math is everywhere'라는 평문을 암호키 4로 하여[9] 행렬로 표현하고, 그것의 전치행렬을 구하면 다음과 같다.

$$\begin{pmatrix} m & a & t & h \\ i & s & e & v \\ e & r & y & w \\ h & e & r & e \end{pmatrix} \xrightarrow{\text{전치행렬}} \begin{pmatrix} m & i & e & h \\ a & s & r & e \\ t & e & y & r \\ h & v & w & e \end{pmatrix}$$

전치행렬의 문자를 나열하면 'miehasreteyrhvwe'라는 암호문을 만들 수 있다.

전치 암호보다 복잡해진 치환 암호는 평문의 특정 문자를 어떤 규칙에 의해서 다른 문자로 바꾸는 방법을 말한다. 이를 처음으로 사용한 사람은 고대 로마의 유명한 군인이자 정치가였던 줄리어스 시저(Julius Caesar)였는데 평소 가족과 비밀통신을 할 때에 암호를 즐겨 사용했다고 한다.

9) 암호키 4라 하면 한 열에 문자 4개씩 나열함을 의미한다.

그는 다른 사람들이 알아보지 못하도록 문자들을 다른 문자들로 치환하였다. 그 방법은 알파벳순으로 세 자씩 뒤로 물려 쓰는 것이었다. 즉 A는 D로 B는 E로 바꿔 쓰는 방식이다. 어느 날 가족이 시저에게 이 방식으로 암호를 써서 편지를 보냈다고 한다.

내용은 다음과 같다.

"EH FDUHIXO IRU DVVDVVLQDWRU"

이 암호문은 알파벳을 세 자씩 뒤로 물려서 쓴 것으로 읽을 때는 세 자씩 당겨 읽으면 암호문을 풀 수 있다.

"BE CAREFUL FOR ASSASSINATOR" 즉 암살자를 주의하라는 내용이었다.

시저는 조심했지만 구체적으로 암살자가 누구인지 알 수 없었고, 결국 원로원에서 전혀 생각지도 못했던 브루투스에게 암살당했다. 그 후 알파벳순으로 세 자씩 뒤로 물려 쓰는 방법의 암호는 줄리어스 시저가 사용했다고 하여 시저 암호라 불리게 되었다.

암호는 반드시 원래 문장으로 바꿀 수 있어야 해독이 가능하다. 그래서 암호문에 원래의 문장인 평문의 문자가 일대일 대응 되어야 의미가 있으며 중복되면 암호로서의 가치가 없다.

시저 암호를 일대일 대응 함수로 나타내면, A부터 Z까지 26개의 알파벳을 0에서 25까지의 숫자에 각각 대응시키고, 함수 $f(x)=x+3$ (mod 26)[10]으로 정의한다. 여기서 (mod 26)는 26으로 나눈 나머지를 뜻한다. 실제 대응관계는 다음 표와 같다.

---

10) (mod 26)의 의미는 26으로 나눈 나머지이다. $a-b$가 26의 배수일 때 $a \equiv b \pmod{26}$이라 쓰고 'a와 b는 법(modulo) 26에 관하여 합동이다'라고 한다. 예를 들어 $29 \equiv 3 \pmod{26}$이다.

평문	A	B	C	D	E	F	G	H	I	J	K	L	M	N	O	P	Q	R	S	T	U	V	W	X	Y	Z
x	0	1	2	3	4	5	6	7	8	9	10	11	12	13	14	15	16	17	18	19	20	21	22	23	24	25
x+3	3	4	5	6	7	8	9	10	11	12	13	14	15	16	17	18	19	20	21	22	23	24	25	0	1	2
암호문	D	E	F	G	H	I	J	K	L	M	N	O	P	Q	R	S	T	U	V	W	X	Y	Z	A	B	C

이를테면, Y는 숫자 24에 대응되고 24+3=27이므로 26으로 나눈 나머지는 1이다. 1은 알파벳 B에 대응되므로 평문에서 Y를 암호문으로 변환하면 B가 되는 것이다. f의 역함수인 $f^{-1}(x)=x-3$ (mod 26)은 복호화할 때 이용한다.

시저 암호는 알파벳 세 자리를 이동하였지만 한 자리 또는 열 자리 등으로 이동하여 암호문을 만들 수도 있다. 이때 몇 자리를 이동하느냐를 암호키라 한다. 암호키를 모른 채 해독하려면 25가지의 모든 암호키를 조사해보면 의미 있는 문장의 원문을 얻을 수 있다.

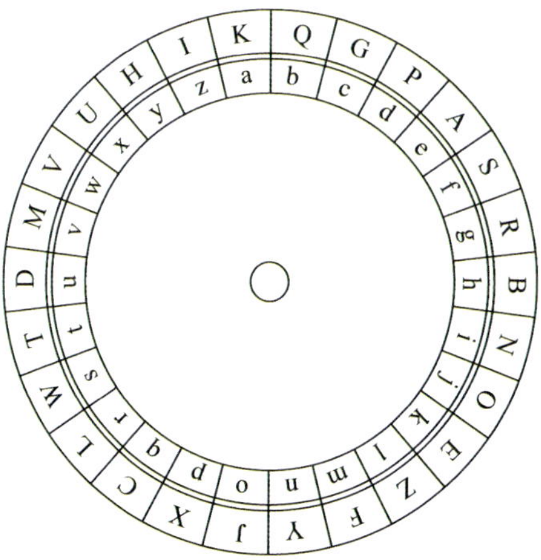

엘베르티의 암호 원판

치환 암호는 15세기 중엽 암호 공식을 최초로 정리한 이탈리아의 건축가 알베르티가 위 그림과 같은 암호 원판을 발명하면서 더욱 발전하였다. 19세기에 들어 여기저기에서 전쟁이 발발하였고 그로 인해 암호도 급속도록 발전하였다. 제2차 세계 대전이 끝난 후 컴퓨터와 통신기술이 비약적으로 발달하기 시작하는 1970년대부터 다양한 이론들과 이를 뒷받침하는 기술들이 합쳐지면서 첨단 암호기술들이 개발되었다. 현대 암호는 정수론, 유한군론, 타원곡선, 가환대수, 대수기하, 조합이론, 그래프이론, 격자이론, 확률론, 수리논리 등 다양한 고급 수학이론들을 사용하여 고도의 암호화 알고리즘을 완성하였다.

생각하기 1

다음은 전치 암호 방법을 이용한 암호문이다. '현것서람들명을찾은속한자고모에사신어든서람의리것찾은내석을는모부은타다든에사인.'를 복호화하여 메시지를 전달하여라.

생각하기 2

다음은 암호키 4로 만든 시저 암호이다. 암호문을 해독하고 복호화 과정에 담긴 수학적 원리를 설명하여라.
XLI JYXYVI MW KEMRIH JVSQ TVIWIRX TEMRXW.

생각하기 3

나민의 새로운 임호를 만들어 보고 그 원리를 설명하여라.

생각하기 해설

01 수의 합이 같은 배열

생각하기 1

해설

각각의 행, 열, 대각선의 합은 65이다.

				1				
			2		6			
		3	20	7	24	11		
	4	16	8	25	12	4	16	
5		9	21	13	5	17		21
	10	22	14	1	18	10	22	
		15	2	19	6	23		
			20		24			
				25				

생각하기 2

해설

각각의 행, 열, 대각선의 합은 260이다.

	2	3			6	7	
9			12	13			16
17			20	21			24
	26	27			30	31	
	34	35			38	39	
41			44	45			48
49			52	53			56
	58	59			62	63	

64	2	3	61	60	6	7	57
9	55	54	12	13	51	50	16
17	47	46	20	21	43	42	24
40	26	27	37	36	30	31	33
32	34	35	29	28	38	39	25
41	23	22	44	45	19	18	48
49	15	14	52	53	11	10	56
8	58	59	5	4	62	63	1

02 비둘기집의 원리

생각하기 1

해설

3개만 꺼내면 충분하다. 양말의 색이 두 가지 색이므로 비둘기집의 원리에 의해 양말 3개만 잡으면 그 안에 색이 같은 양말이 적어도 2개는 있게 된다.

생각하기 2

해설

한 변의 길이가 20m인 정사각형을 다음과 같이 4등분한다.

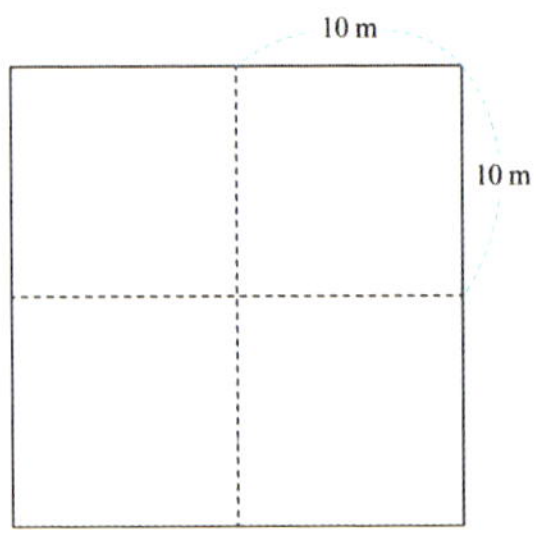

두 그루의 나무가 15m 떨어져 있게 하기 위해서는 먼저 각각 다른 정사각형 안에 한 그루씩 심어야 한다. 그런데 나무는 5그루이고 나무를 심을 수 있는 정사각형은 4개이므로 한 정사각형에 나무가 2그루 이상 들어갈 수밖에 없다. 그런데 한 정사각형 안에서 가장 멀리 떨어져 있을 수 있는 거리는 대각선이다. 한 변의 길이가 10m인 정사각형 대각선의 길이는 $10\sqrt{2}=14.14$m 이므로 15m보다 작기 때문에 조건을 만족하는 나무 5그루를 심을 수 없다.

03 거북이를 이길수 없는 아킬레스

생각하기 1

해설

이분법의 역설에서는 $\frac{1}{2}, \frac{1}{4}, \frac{1}{8}, \cdots$ 무한히 계속 된다고 하지만 결국 이동한 거리의 합 $\frac{1}{2}+\frac{1}{4}+\frac{1}{8}+\cdots$은 공비가 $\frac{1}{2}$인 무한등비급수로서 수렴하고 그 합은 1이다. 즉 $\frac{1}{2}, \frac{1}{4}, \frac{1}{8}, \cdots$ 의 합은 출발점에서 도착점까지의 거리 1과 같다.

04 도박에서 시작된 확률

생각하기 1

해설

① 각 행의 합 : 1, 2, 4, 8, 16, 32 .... 2의 제곱수

② 2의 배수 색칠, 3의 배수 색칠, 5의 배수 색칠
③ 대각선, 1, 3, 6, 10, 15, 21... 삼각수
④ n개 중에 r개 택하는 조합
⑤ a+b의 제곱의 계수
⑥ 대각선 합 → 1, 1, 2, 3, 5, 8, 13... 피보나치수열
⑦ 11=11, 11×11=121, 11×11×11=1331...
⑧ 하키 스틱모양, 대각선 합 1+2+3+4+5+6+7=28, 1+5+15=21
⑨ 육각형 모양에 있는 수에서, 3×1×10 = 1×5×6

05 윷놀이와 확률

생각하기 1

해설

김미경, 허명회(1995)의 논문 「윷의 확률」에서는 1000회 이상 윷을 던져서 경험적 확률을 다음과 같이 구하였다. 본문에서 구한 논리적 확률과 유사하다.

	굴릴 때 경험적 확률	던질 때 경험적 확률
도	349/1132=0.3083	219/1120=0.1955
개	429/1132=0.3790	353/1120=0.3152
걸	179/1132=0.1581	379/1120=0.3384
윷	32/0.0283=0.0283	133/1120=0.1188
모	143/1132=0.1263	32/1120=0.0321

06 게임의 전략

생각하기 1

해설

$|m-n| = (k+1)Q+r$에서

I) $r>0$ 일 때는 먼저하는 선수에게 필승전략이 있다.

N=m+n이라 할 때 선수가 r개만큼 가져가고, 후수로부터 넘겨받고 남은 개수(N')에 대하여 N'=(k+1)Q'+r'의 r'개만큼 가져간다. 이 때, 가져가는 위치는 m=(k+1)Q1+r1, n=(k+1)Q2+r2 중에서 r1-r'=r2 또는 r2-r'=r1이 되는 쪽에서 가져간다. 매번 이와 같은 방법으로 계속 가져가면 된다. 단, 한 쪽의 바둑돌이 없어졌을 때, 즉 마지막으로 가져가야할 1개의 바둑돌과 a개의 바둑돌이 남았다면 a+1=(k+1)Qn+rn의 rn 개씩 가져가야 한다.

ii) r=0 일 때는 나중에 하는 후수에게 필승전략이 있다.

먼저 상대방이 가져가도록 하여 $N'=(k+1)Q'+r'(r'>0)$인 상황을 만든 뒤 $r>0$인 경우의 해법대로 해결한다.

07 비밀 문서

생각하기 1

해설

암호문 '현것서람들명을찾은속한자고모에사신어든서람의리것찾은내석을는모부은타다든에사인.'을 암호키 5로 행렬을 만들고 전치행렬을 만들면 다음과 같다.

현	명	한	사	람	은	모	든
것	을	자	신	의	내	부	에
서	찾	고	어	리	석	은	사
람	은	모	든	것	을	타	인
들	속	에	서	찾	는	다	.

따라서 암호를 해독하면 '현명한 사람은 모든 것을 자신의 내부에서 찾고 어리석은 사람은 모든 것을 타인들 속에서 찾는다.' 이것은 공자가 남긴 말이다.

생각하기 2

해설

평문	A	B	C	D	E	F	G	H	I	J	K	L	M	N	O	P	Q	R	S	T	U	V	W	X	Y	Z
암호문	E	F	G	H	I	J	K	L	M	N	O	P	Q	R	S	T	U	V	W	X	Y	Z	A	B	C	D

The future is gained from present paints

Ⅲ

수학을 알면 신비롭다

chapter 01 자연의 질서

우리 주위를 이루고 있는 자연은 무질서하게 펼쳐 있는 것처럼 보이지만 그 속에 그들만의 질서를 갖고 있다. 주어진 환경에서 생명을 유지하고 종족을 번식하기 위한 자연의 질서를 과학적으로 설명하기 위해 많은 학자들이 노력해 왔다. 그들은 수학적인 구조가 식물, 동물들의 선택에도 내재 되어 있을 뿐만 아니라 자연에서 무한하게 나타나고 있기 때문에 우주 전체가 어떤 수학적 구조로 되어 있는지를 풀려고 시도했던 것이다. 이러한 노력의 결실은 이탈리아의 수학자 레오나르도 피보나치(Leonardo Fibonacci, 1170?~1250?)가 피보나치수열을 발견함으로 이루어졌다.

"토끼 한 쌍이 있다. 한 쌍의 토끼가 두 달이 지나면 새로운 암수 한 쌍의 새끼를 낳는다고 가정하자. 새로 태어난 토끼의 쌍도 두 달이 지나면 한 쌍의 토끼를 낳을 수 있다고 할 때, 1년 후 토끼는 모두 몇 쌍이 있게 될까?"

이것은 피보나치의 저서 '산반서'에 등장하는 문제이다. 다산, 불임, 사망 등 일어날 수 있는 여러 상황은 모두 제거하고 문제를 단순화시켜 그림으로 나타내면 다음과 같다.

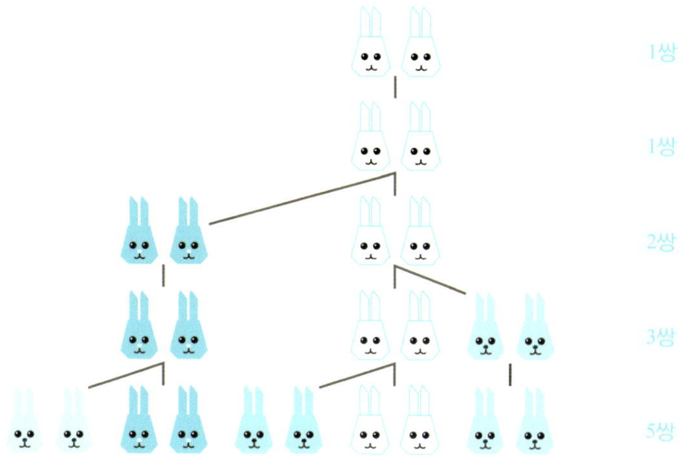

첫 달에 암수 한 쌍의 토끼가 있고, 두 번째 달에도 그대로 한 쌍의 토끼가 있다. 셋째 달에 한 쌍의 토끼를 낳아 총 두 쌍이 된다. 넷째 달에 전 달에 태어난 새끼 한 쌍은 그대로 있고 어미 한 쌍은 다른 한 쌍의 토끼를 낳아서 총 세 쌍이 된다. 토끼의 수는 첫 째 달부터 순서대로 1, 1, 2, 3, 5, 8, 13, 21, 34, 55, 89, 144, … 가 된다. 어떤 규칙이 있는가? 1+1=2, 1+2=3, 2+3=5, 3+5=8, … 과 같이 앞의 두 수를 더하면 그 다음 수가 된다. 이런 수의 배열을 '피보나치수열'이라 한다.

토끼의 번식에서 시작된 피보나치수열을 식물의 성장에 적용할 수 있다. 우리들이 식물을 볼 때 무성한 가지와 잎을 보게 되는데, 그 속에 어떤 규칙과 자연의 섭리가 담겨 있는지 살펴보자.

나무의 줄기를 생각해보면 이들이 어느 정도 굵기가 되면 두 갈래로 갈라진다. 갈라져 새로 돋아난 새끼 줄기도 어느 정도 굵기가 되면 정기적으로 새끼 줄기를 칠 수 있다. 이는 토끼의 번식 원리와 동일하다.

각 줄기에 달려있는 잎들에도 규칙이 있다. 한 줄기에서 잎이 나와서 배열되는 방식을 잎차례라고 하며, m번 회전하는 동안 잎이 n개 나오는 비율 $\frac{m}{n}$으로 계산한다. 물푸레나무와 보리수의 비율은 $\frac{1}{2}$, 개암나무와 뽕나무의 비율은 $\frac{1}{3}$, 떡갈나무, 참나무, 사과나무, 자두나무와 벚꽃나무에서 비율은 $\frac{2}{5}$, 배, 장미, 포플러, 버드나무에서는 비율이 $\frac{3}{8}$, 편도나무, 갯버들과 아몬드에서는 비율이 $\frac{5}{13}$로 이루어져 있다. 이처럼 비율에서의 m과 n은 피보나치수열의 수이다. 식물 전체의 90% 정도가 이러한 비율로 잎차례가 형성되어 있다.

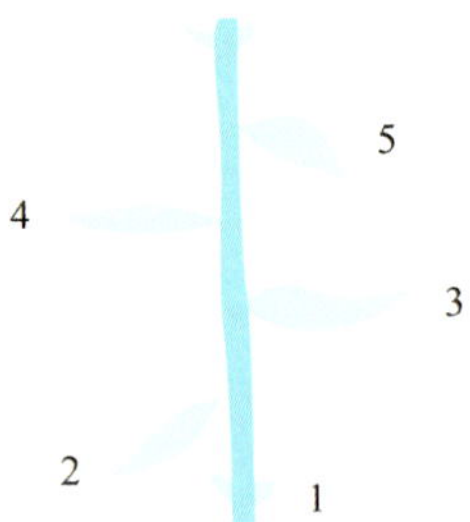

옆에서 본 잎 배열

위에서 본 잎 배열

잎차례는 위 그림과 같이 줄기를 중심으로 1번 잎 → 2번 잎 → 3번 잎 → 4번 잎 → 5번 잎 순으로 따라 올라가면 줄기를 두 번 돌 때 나타나는 잎은 5개이다. 3회전에 나타나는 잎이 8개인 경우는 아래 그림과 같다.

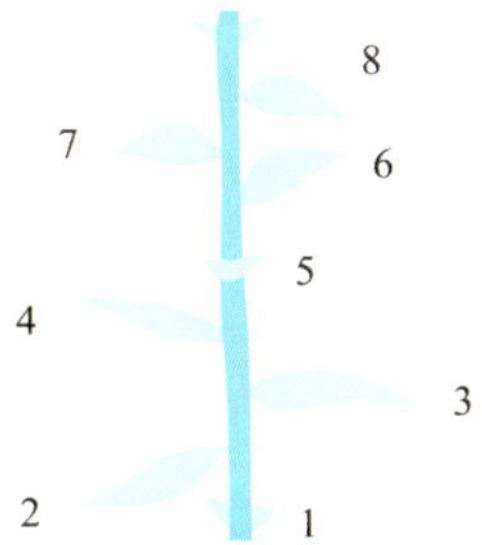

옆에서 본 잎 배열

위에서 본 잎 배열

잎들이 이러한 방식으로 배열되면 새로 나오는 잎이 그 아래에 있는 잎을 가리지 않게 된다.

이와 같이 나무들이 무조건 많은 가지를 만들어 나가는 것이 아니라 순차적으로 서로 가리지 않고 규칙적으로 배열되면 식물 성장에 필요한 햇빛을 골고루 받을 수 있게 된다.

또한 작은 꽃잎에서도 피보나치수열을 찾아볼 수 있다. 예를 들어 카라꽃은 1장, 백합과 붓꽃은 3장, 무궁화, 채송화, 동백은 5장, 코스모스와 모란은 8장, 금불초와 금잔화는 13장, 치커리, 애스터는 21장, 질경이와 데이지는 34장, 쑥부쟁이는 55장 또는 89장이다. 꽃잎은 활짝 피어 아름다움을 뽐내기 전까지 암술과 수술을 보호하는 역할을 한다. 꽃잎의 모양과 크기에 따라 서로 겹치면서 암술과 수술을 안전하게 감싸기 위해서 피보나치 수만큼의 꽃잎을 갖게 된다고 한다.

카라꽃

꽃기린

백합

가시붓꽃

무궁화

도라지꽃

매발톱꽃

일일초

코스모스

피보나치수열에 관련된 직사각형을 그리고, 그 안에 황금나선에 대해 알아보자.

① 각 변의 길이가 1인 정사각형 2개를 붙여 그린다.

② ①의 정사각형 2개를 한 면이 접하도록 하고 그 윗면에 접하도록 정사각형을 그린다. 그러면 변의 길이가 2×3인 직사각형이 나온다.

③ 옆면에 접하도록 정사각형을 그린다. 그러면 3×5인 직사각형이 나온다.

④ 아래 면에 접하도록 정사각형을 그린다. 그러면 5×8인 직사각형이 나온다.

이 방법을 계속하면 다음과 같은 그림을 그릴 수 있다.

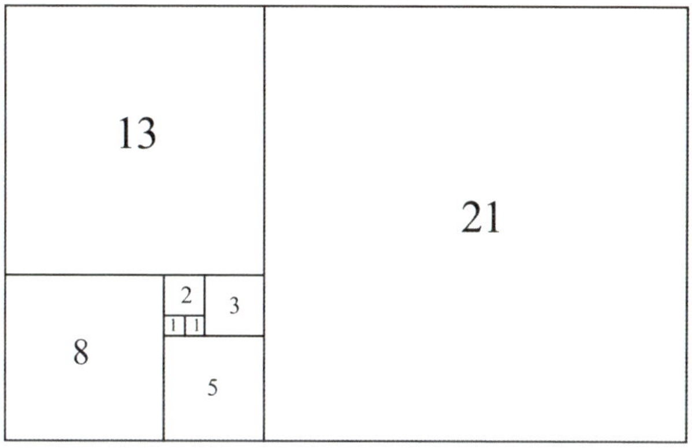

직사각형 안에 있는 정사각형 각각에서 중심각이 90°인 호를 그리면 다음과 같은 나선을 만들 수 있는데, 이를 황금나선이라 한다.

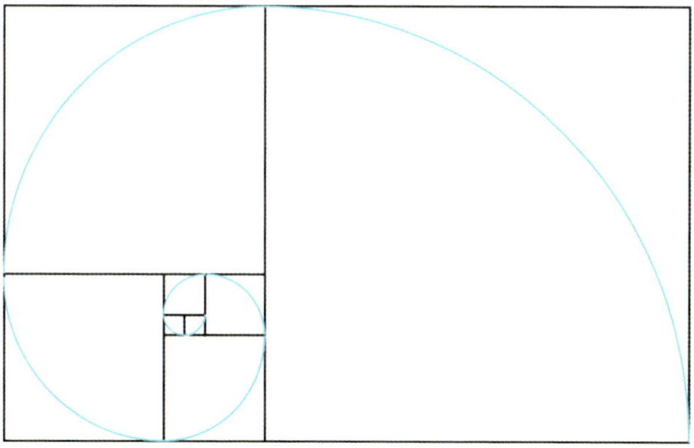

이 황금나선은 앵무조개나 달팽이 등에서 그 형태를 볼 수 있으며 식물에서도 찾아볼 수 있다.

햇볕이 쨍쨍한 여름 태양을 사랑하는 해바라기가 가득 품고 있는 씨앗을 본 적이 있을 것이다. 해바라기 씨는 중심에서 바깥쪽으로 34개의 시계방향 나선과 55개의 시계 반대방향 나선으로 이루어져 있음을 본다. 해바라기의 크기에 따라 시계방향 나선과 시계 반대방향 나선이 각각 13개와 21개, 21개와 34개, 55개와 89개 또는 89개와 144개 나선으로 이루어져 있다. 이렇게 해바라기 씨의 나선형 배열이 연속하는 두 개의 피보나치 수를 따를 때, 좁은 공간에 최대한 많은 씨를 촘촘하게 배열하여 비바람에도 잘 견딜 수 있게 된다고 한다. 이러한 수학적 해법은 벌꿀의 정육각형 집 그리고 세포, 눈송이 등 많은 것에서 적용되고 있다. 이렇게 서로 엇갈리는 나선들의 형태는 솔방울에서도 볼 수 있는데, 시계 방향으로 8개의 나선과 시계 반대 방향으로 5개의 나선을 가지고 있다. 이 또한 나선의 수는 피보나치수열의 이웃 수임을 알 수 있다.

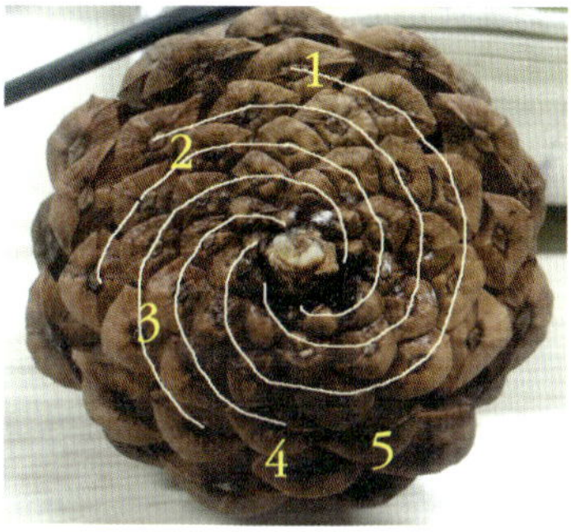

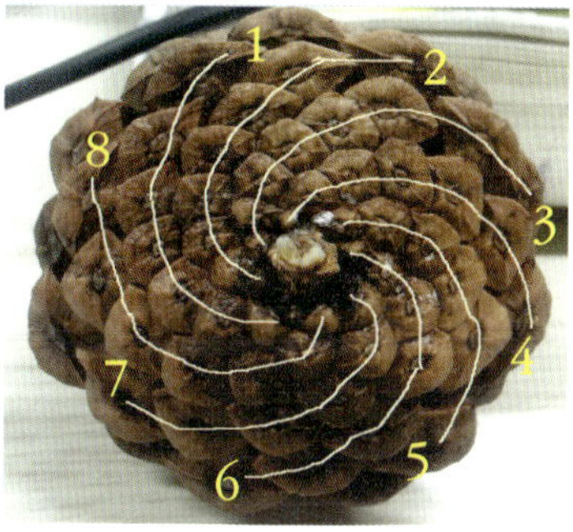

수학은 경험과는 무관한 추상적 학문이라고 생각할 수 있지만 위와 같이 피보나치수열을 식물에서 발견하고 실제로 경험할 수 있다. 자연에는 그 속에 이미 수학적 질서가 내포되어 있어서 자연을 탐구하기 위해서는 수학을 활용하게 된다. 또 역으로 자연의 탐구를 통해 수학적 개념을 새롭게 발견하고 발전시킬 수도 있다.

실험

주변에서 식물 줄기의 잎차례를 관찰해 보자.

(1) 위에서 내려 볼 때 완전히 겹쳐지는 잎이 있는가?

(2) 위에서 내려 볼 때 이어서 나오는 잎과 잎이 이루는 각을 측정해 보시오.

(3) 측정한 각에 일정한 규칙이 있으면 설명하시오.

chapter

2 무한의 세계

밤하늘의 수많은 별들 속에 보이지 않는 또 다른 별들은 얼마나 많이 있을까? 무한한 공간에 또 다른 무한한 세계가 있다. 유한의 세계에서 살아가는 우리에게 무한이란 것은 신비로울 따름이다. 사람들은 오랫동안 무한에 대해 명확하게 설명하지 못하고 관념적으로만 생각해 왔다. 수학자들조차도 무한에 대하여 논하기를 꺼려하다가 불과 1900년경 수학자 게오르크 칸토어(Georg Cantor)가 일대일 대응법을 이용하여 무한의 개념을 정의하였다. 무한에 대해 이야기하기 전에 먼저 일대일 대응에 대해서 알아보자.

두 집합 A, B의 원소를 서로 대응시킬 때, A의 임의의 한 원소에 대하여 B의 원소가 단 하나 대응하고, B의 임의의 한 원소에 대하여 A의 원소가 단 하나 대응하도록 하는 관계를 일대일 대응(one-to-one correspondence)이라고 한다.

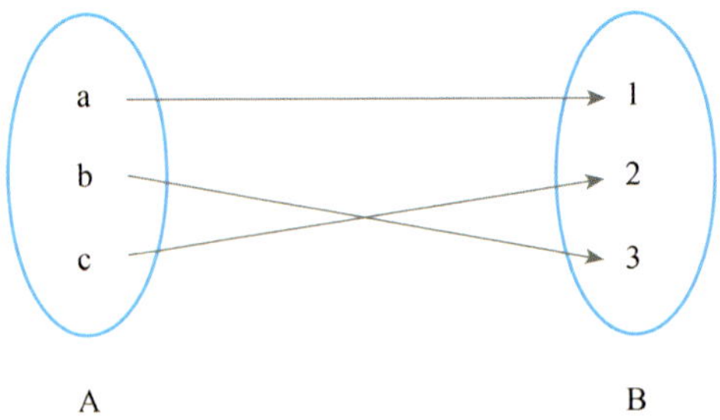

그림을 보면 $a \rightarrow 1$, $b \rightarrow 3$, $c \rightarrow 2$로 집합 A의 원소 하나에 집합 B의 원소가 하나씩 대응되고 짝을 이루지 못한 원소는 없다. 이처럼 두 집합 사이에 일대일 대응이 존재하면 두 집합의 원소의 개수가 같다고 한다. 유한집합에서는 집합의 크기를 원소의 개수라고 할 수 있다. 그러나 유한집합이 아닌 경우는 집합 A의 크기를 원소의 개수라고 하기 보다는 집합의 농도(cardinality)라고 하며 card A로 적는다. 예를 들어 사과 10개로 된 집합 A의 농도 card A는 10이다. 연필 10자루로 된 집합 B의 농도 card B도 10이다. 그래서 두 집합 사이에 일대일 대응이 존재하면 두 집합의 농도가 같다. 즉 같은 크기의 집합이다.

자연수 전체의 집합과 짝수 전체의 집합 중 어느 집합의 원소의 개수가 더 많을까? 당연히 자연수 전체 집합의 원소의 개수가 훨씬 많다고 생각하겠지만, 두 집합의 원소의 개수는 같다. 예를 들어 생각해보자. 객실 번호가 무한인 호텔이 있다. 현재 방이 가득 차있다고 가정하자. 새로운 손님들이 왔다. 각 호실에 있는 손님들을 그 객실 번호에 두 배한 번호의 방으로 옮기도록 한다. 즉 1번방의 손님은 2번으로, 2번방의 손님은 4번으로, 3번방의 손님은 6번으로, 같은 방식으로 계속 이동한다.

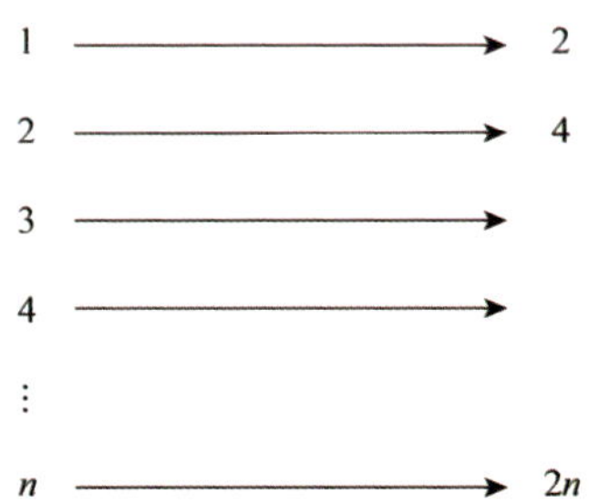

이와 같이 하면 자연수 집합의 임의의 원소 n에 대하여 짝수 집합의

원소 $2n$이 단 하나 대응된다. 분명히 짝수 전체의 집합은 자연수 전체의 집합에 포함되는 진부분집합임에도 불구하고 짝수 전체의 집합과 자연수 전체의 집합 사이에 일대일 대응관계가 존재하여 두 집합의 농도는 같다. 즉 두 집합의 크기가 같다. 유한집합에서는 일어날 수 없는 성질이다. 칸토어는 무한집합을 다음과 같이 정의하였다.

> 무한집합은 자신과 같은 농도를 가진 진부분집합이 존재하는 집합이다.

그래서 자연수 집합은 무한집합이고 또한 짝수 집합도 무한집합이다. 무한호텔은 현실적으로는 불가능하지만 무한의 세계에서는 더 이상 모순이 아니다. 무한의 세계에서 호텔을 운영한다면 '만원'이라는 안내판은 더 이상 필요하지 않을 것이다.

무한 세계에서는 유한 세계에서 볼 수 없는 것이 많이 있다. 예를 들어 무한히 넓은 평면을 공의 표면으로 표현하는 방법을 소개하겠다. 무한히 넓은 평면을 조그만 공의 표면에 담는다는 것이 가능할까? 도저히 불가능하다고 생각할 것이다. 다음 그림을 보며 생각해 보자. 무한히 넓은 평면 위에 공을 놓는다. 그리고 공의 꼭대기 점에서 평면의 임의의 점으로 선을 그으면 그 선은 공표면 위의 한 점에서 만난다.

예를들면, 그림에서 꼭대기 점에서 평면 위의 한 점 A에 직선 l_1을 그으면 직선 l_1은 공 표면 위의 점 A'를 지나게 된다.

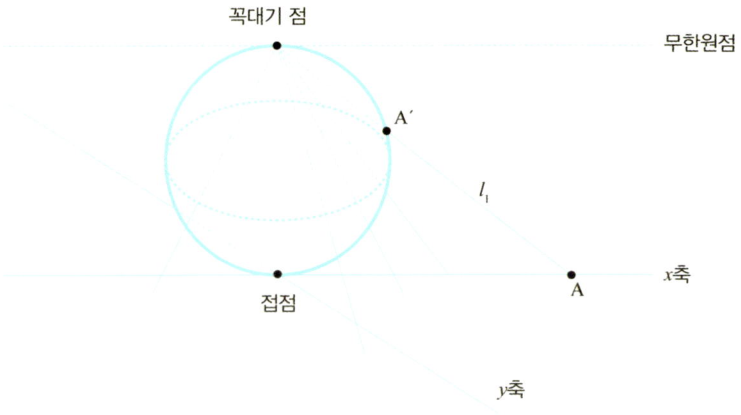

이렇게 평면 위의 점 A와 공 표면 위의 점 A'를 대응시키면, 평면과 공 표면 사이에 일대일 대응이 형성된다. 이때, 평면 위의 어떤 점이 접점으로부터 멀리 있을수록 대응되는 공 표면의 점은 꼭대기 점에 가까워질 것이다. 이렇게 평면의 접점으로부터 무한히 먼 곳의 점들은 공의 꼭대기로 모두 모인다. 즉 무한을 공의 꼭대기에 모아 한 점으로 만든다. 이렇게 하면 공의 표면에 무한히 넓은 평면이 들어온다. 이와 같이 유한의 세계에서는 설명하기 어려운 일들이 무한의 세계에서는 얼마든지 가능하다.

수리 · 물리학자 헤르만 와일(Herman Weyl)은 '수학은 무한에 관한 과학이고, 그 목적은 유한한 인간이 기호를 써서 무한을 이해하는 일이다'라고 하였다. 수학의 언어인 기호를 사용하여 좀 더 복잡한 이야기를 해보자. 무한집합들 사이에서도 크기가 크고 작은 집합이 존재할까?

집합 A와 집합 B 사이에 일대일 대응 f가 있고, 집합 B와 집합 C 사이에도 일대일 대응 g가 있다고 하자. 그러면 두 일대일 대응을 합성한 것 역시 집합 A에서 집합 C 사이의 일대일 대응이 된다.

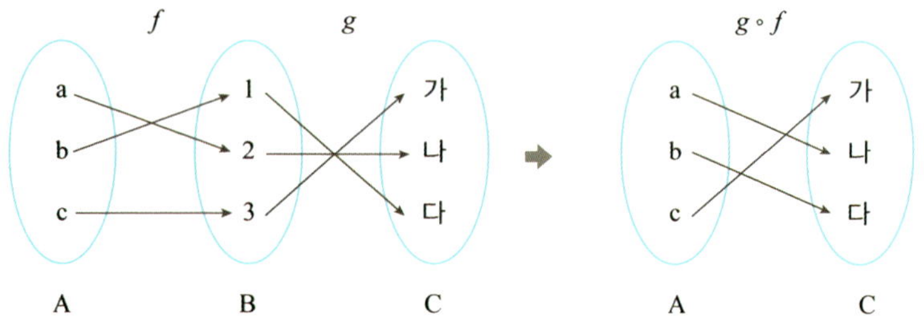

자연수 집합과 대등한(크기가 같은) 무한 집합은 짝수 집합, 홀수 집합, 정수 집합, 유리수 집합 등이 있다. 자연수 집합과 짝수 집합이 대등하다는 것은 앞에서 무한호텔을 통해 설명하였다. 같은 방법으로 홀수 집합 또한 대등함을 보일 수 있다. 정수 집합과 유리수 집합에 대해서는 생각해 볼 문제로 남긴다. 이제 실수 집합에 대해 생각해 보자. 실수 집합은 무한 집합이다. 그리고 실수 집합은 자연수 집합을 완전히 포함하며 대등하지 않다. 이렇게 같은 무한 집합이더라도 크기(농도)가 다를 수 있다. 수들의 집합 사이의 크기를 비교하면 다음과 같다.

자연수 집합을 $\mathbb{N}$, 유리수 집합을 $\mathbb{Q}$, 실수 집합을 $\mathbb{R}$, 복소수 집합을 $\mathbb{C}$로 표시하자. 그리고 짝수 집합은 $2\mathbb{N}$ 그리고 홀수 집합은 $2\mathbb{N}-1$로 표시하자.

자연수 집합의 농도(card $\mathbb{N}$) = 유리수 집합의 농도(card $\mathbb{Q}$) < 실수 집합의 농도(card $\mathbb{R}$) = 복소수 집합의 농도(card $\mathbb{C}$)

생각하기 1

정수 집합은 자연수 집합과 크기가 같은 무한집합이다. 그 이유를 설명하시오.

생각하기 2

유리수 집합은 자연수 집합과 크기가 같은 무한집합이다. 그 이유를 설명하시오.

chapter
3 안과 밖의 구분이 없는 세상

정미소에 있는 대부분의 기계들은 축과 축이 큰 벨트로 연결되어 있어 한 축이 회전하면 그 회전이 벨트에 의해서 또 다른 축에 전해짐에 따라 기계가 동력을 받아 작동한다. 이 기계들의 벨트는 꼬여 있다. 왜 꼬아 놓았는지 의아하게 생각해본 적 있는가? 그 이유는 '뫼비우스의 띠'라는 곡면이 갖는 특징 때문이다. 뫼비우스의 띠는 안과 겉이 없으므로 마찰에 의해 생기는 벨트의 마모를 줄일 수 있다. 즉 꼬아 놓지 않았다면 한쪽 면만 닳게 되는데 꼬아 놓아서 모든 면을 고르게 사용할 수 있는 것이다.

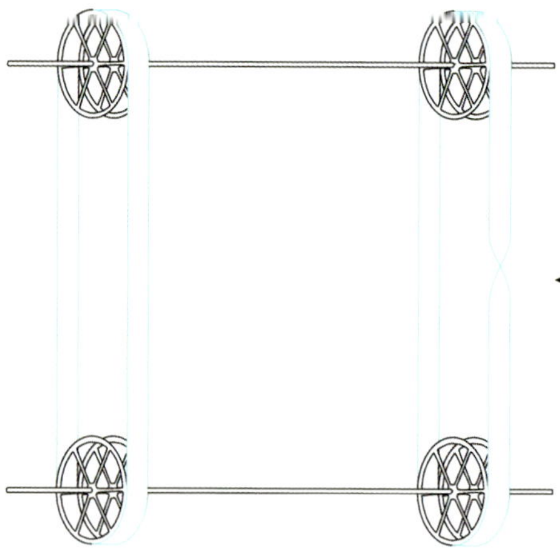

1858년 독일의 천문학자이며 수학자인 뫼비우스(Möbius, August Ferdinand)가 이러한 띠를 처음 소개하였다. 직사각형 모양의 긴 종이의

한쪽 끝을 180° 비틀어 다른 쪽과 이어 붙여서 만드는 뫼비우스 띠는 안과 밖의 구분이 없다. 그래서 보통 고리는 한 쪽 면에서 출발하여 선을 그으면 같은 면에서만 선이 그어지지만 뫼비우스 띠는 고리의 양면 모두에 선이 그어진다. 따라서 어느 지점에서나 띠의 중심을 따라 이동하여 원래 출발 지점으로 되돌아 올 수 있다. 또한 양면을 모두 사용할 수 있기 때문에 보통 고리 모양의 면적보다 두 배를 사용할 수 있다. 이러한 뫼비우스 띠가 갖는 성질은 기하학적으로나 위상 수학적으로 큰 가치를 가질 뿐 아니라 실생활에서도 널리 활용된다.

실험

(1) 뫼비우스의 띠 만들기

① 직사각형 모서리에 A, B, C, D를 표시한다.

② 직사각형을 비틀어 C를 D에 D를 C에 오게 한다.

③ A와 C 그리고 B와 D를 붙인다.

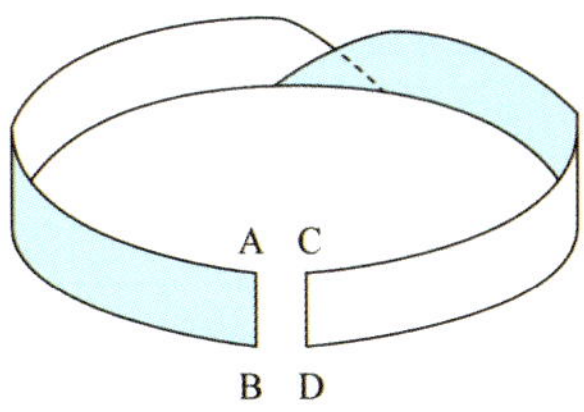

④ 만들어진 모양

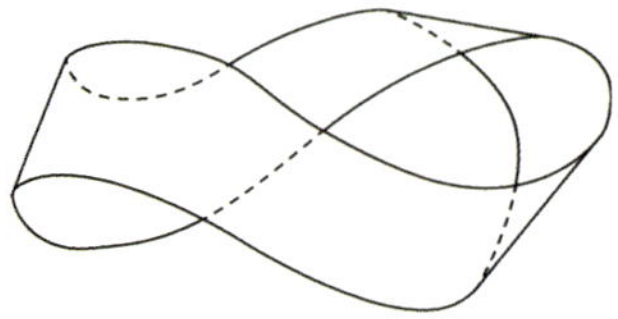

(2) 뫼비우스의 띠 한 쪽 면 가운데에 검정색 펜을 놓고 중앙을 따라 선을 그린다. 선이 어떻게 그려지는가?

⇒ 처음 시작한 지점으로 돌아올 때 까지 그리면 띠의 양 면에 모두 검정색 선이 그어진 것을 볼 수 있다. 즉 면이 하나라는 의미이다.

(3) 파란색 펜으로 뫼비우스의 띠 모서리를 따라 그어보자. 모서리가 어떻게 색칠되는가?

⇒ 띠의 모서리가 모두 파란색으로 색칠 된 것을 볼 수 있다. 즉 모서리가 하나라는 의미이다.

(4) 뫼비우스의 띠를 만들기 전 직사각형에서 한쪽 끝을 두 번 비틀어 붙이고, (2)와 같이 중앙을 따라 선을 그어보자. 어떤 모양의 띠가 만들어졌는가?

⇒ 안과 밖의 두 면이 있는 두 번 꼬인 보통의 띠가 된다. 즉 비트는 횟수가 짝수이면 두 면, 홀수이면 한 면의 띠가 된다.

뫼비우스의 띠가 발견된 이래로 수학자들뿐만 아니라 일반 사람들 사이에서도 흥미로운 관심사가 되어 여러 분야에 응용되고 있다. 앞서 언급했던 정미소 기계처럼 대형 할인마트에서 계산하기 위해 물건을 올리면 돌아가는 컨베이어 벨트에도 뫼비우스의 띠를 활용한다. 뫼비우스의 띠를 이용하면 양면으로 돌아가기 때문에 벨트가 한 면일 때보다 사용 시간이 2배로 늘어나기 때문이다. 그 외에도 수동식 재봉틀의 벨트, 프린트, 카세트테이프 등에도 사용된다. 우리가 카세트테이프에 녹

음할 때 한쪽 면에 녹음이 다 되면, 자동으로 다른 면으로 녹음이 되는 원리이다.

특히 뫼비우스의 띠는 예술가들에게 미적 환상과 신비로움을 표현할 수 있는 영감을 제공한다. 대표적인 작품으로 네델란드의 판화가 에셔(Maurits Cornelis Escher)의 1963년 작품으로 뫼비우스의 띠가 있다. 개미가 열심히 걸어가면 띠의 모든 면을 갈 수 있다는 것을 보여준다.

뿐만 아니라 뫼비우스 띠의 성질을 상징적인 의미로 사용하는 경우가 있다. 재활용 마크에 사용된 뫼비우스의 띠는 이미 사용한 자원도 다시 사용할 수 있다는 의미를 담고 있다.

또 어느 통신회사와 건설회사 등과 같이 기업의 브랜드 로고에서도 뫼비우스의 띠를 형상화하여 그 의미를 담는 경우도 있다. 문학 작품에서도 뫼비우스 띠를 이용하고 있는데 조세희 작품인 '난장이가 쏘아 올린 작은 공' 연작에서 첫 번째 작품이 '뫼비우스 띠'이다. 여기서 두 가지 사실을 말해준다. 가해자와 피해자가 없는 세상 그리고 안과 겉의 구분이 없는 뫼비우스의 띠처럼 빈부의 격차 없이 평등하게 살고자 하는 사람들의 희망의 메시지를 받을 수 있다.

생각하기 1

앞의 실험에서 뫼비우스 띠의 중앙을 따라 자르면 어떤 모양의 띠가 생기는가?

생각하기 2

뫼비우스 띠를 그림과 같이 3등분하여 두 번 자르면 어떤 모양의 띠가 생기는가?

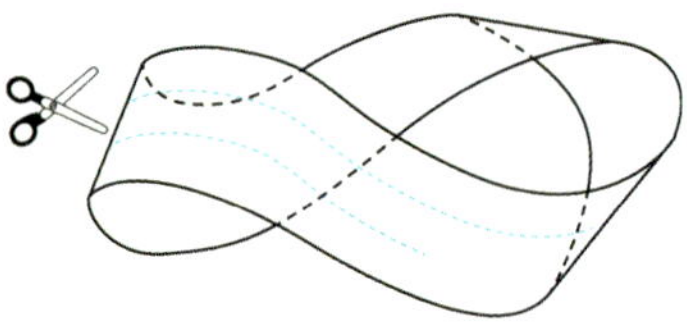

생각하기 3

두 번 비튼 띠를 위와 같이 2등분 자르기와 3등분 자르기를 하면 어떤 모양의 띠가 생기는가? 같은 방법으로 띠를 비트는 횟수와 띠를 자르는 횟수 사이의 규칙이 있는지 찾아보시오.

생각하기 4

실생활에서 뫼비우스 띠의 신기한 성질이 사용된 예를 찾아보시오.

chapter

04 조화로운 소리

소리는 기압의 변화에 의하여 만들어지는 공기의 파장이다. 즉 진동에 의하여 만들어지는 파장이 소리라는 것이다. 물체가 진동하면 그 주위에 있던 공기에도 진동이 전달되고, 이런 진동이 우리 귀에 들어오면 우리는 소리를 들을 수 있게 된다. 이 소리에 대하여 인간은 매우 예민한 감각을 가지고 있어서 들리는 소리에 따라 여러 가지 느낌을 갖는다. 우리들을 감동시키는 아름다운 소리는 어떻게 만들어지는 것일까?

'피타고라스의 정리'로 잘 알려진 고대 그리스의 수학자이면서 철학자인 피타고라스는 우주의 수학적 법칙을 가장 아름답게 표현한 것이 바로 음악이라고 생각했다. 피타고라스가 음악에서 수를 발견한 일화가 전해지고 있다. 대장간 옆을 지나는데 여느 때와는 달리 듣기 좋은 어울리는 소리가 들려서 알아보았더니 내려치는 쇠의 길이에 따라 다른 소리가 난다는 것을 알게 되었다. 이 소리의 비밀을 풀기 위해 수학적으로 탐구한 결과 조화로운 소리를 내던 쇠의 길이의 비가 3:2라는 사실을 발견하였다.

위 그림은 대장간 앞에 있는 피타고라스가 물 컵에 담긴 물의 높이나 종의 크기에 따라 또 현이나 관의 길이에 따라 소리를 실험하고 있는 모습을 담은 F. Gafurius, Theorica Musica Milan(1492)의 목판화이다. 각 그림에서 컵, 종, 현, 플루트에 4, 6, 8, 9, 12, 16이라는 숫자를 표시하여 비교하고 있다. 이는 정수의 비가 소리의 높이와 상관관계가 있음을 보여준다.

그 후 피타고라스는 하나의 현을 1로 잡고 팽팽하게 하여 소리를 낸 다음에 그 현의 길이의 $\frac{2}{3}$로 길이를 줄여 소리를 내면 본래의 음보다 5도 높은 음이 나오고, 현의 길이를 본래의 $\frac{1}{2}$로 하여 소리를 내면 본래의 음보다 8도, 즉 한 옥타브 높은 음이 나온다는 것을 발견하였다. 즉 현의 길이가 짧을수록 더 높은 음이 나는 것이다. 현의 길이가 1일 때를 '도'로 하여 나타내면 다음 그림과 같다.

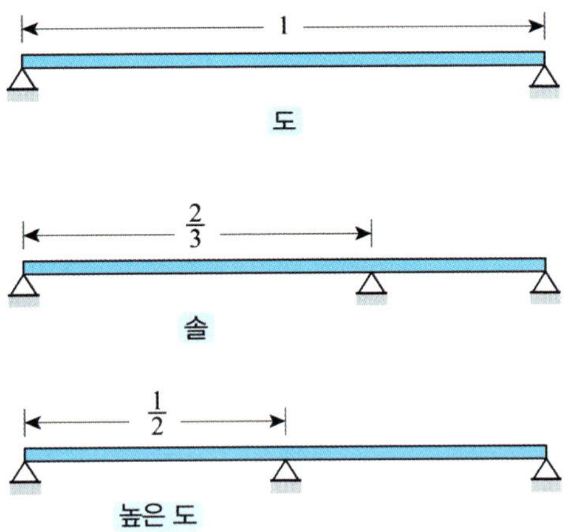

이렇게 해서 얻어지는 '도', '솔', 그리고 한 옥타브 높은 '도' 음의 세 가지는 자연수 1, 2, 3에 의해 만들어진 것으로 이것은 만물의 기본원리와

같아서 가장 잘 조화되는 기본의 음체계라 여겼다. 음은 연속적인 현상으로 낮은 음에서 높은 음에까지 단절됨이 없이 계속되어 가는 직선과 같은 것이며, 그것에서 어떤 일정 길이를 선분으로 하여 가장 단순하고 조화로운 마디를 끊어 소리를 냄으로써 음의 기본체계를 만들고, 그것을 통해 다시 만물의 원리를 깨닫게 하는데 기여하고자 한 것이다.

이렇게 1, 2, 3을 가지고 현의 길이의 비율과 거기에서 나오는 음을 다루다 보니, 현의 길이의 비율이 1, $\frac{2}{3}$, $\frac{1}{2}$ 일 때 이들 현이 내는 음의 진동수[11]의 비율이 이것의 역수인 1, $\frac{3}{2}$, $\frac{2}{1}$가 된다는 것을 발견하였다. 즉 현의 길이가 짧을수록 진동수가 커지고 진동수가 클수록 높은 음을 낸다. 이는 음의 높이는 현의 길이에 반비례하고 진동수에 비례함을 의미한다. 이것을 기초로 만든 음계가 피타고라스 음계이다.

피타고라스 음계가 어떻게 만들어졌는지 좀 더 상세히 살펴보자.

먼저 '도' 음에서부터 시작하여 그 진동수를 $\frac{3}{2}$배로 하면 (현의 길이는 $\frac{2}{3}$) '도'보다 5도 높은 음 '솔'이 얻어진다. 다시 '도'에서 시작하여 그 진동수를 2배로 하면 본래 보다 한 옥타브 높은 음의 '도'가 얻어진다.

그 다음은 진동수가 처음 '도'음 진동수의 $\frac{3}{2}$배의 음인 '솔'에서부터 시작하여 그 진동수를 다시 한 번 $\frac{3}{2}$배 하면 $\frac{9}{4}$가 되고 5도 높은 음 '레'가 얻어진다. 그런데 $\frac{9}{4}$는 2보다 큰 값으로 한 옥타브 높은 '도' 보다 높은 음이므로 $\frac{9}{4}$에 $\frac{1}{2}$배 하여 한 옥타브를 내려서 진동수가 처음 '도' 음

---

11) 진동수는 진동 운동에서 물체가 왕복 운동을 할 때, 단위 시간동안 왕복하는 횟수이다.

의 $\frac{9}{8}$ 인 음 '레'가 얻어진다. 이와 같은 방법으로 처음 '도' 음에서부터 시작하여 $\frac{3}{2}$ 을 거듭 제곱 하여 나온 값은 다음과 같다.

$\left(\frac{3}{2}\right)^{-1}$	1	$\frac{3}{2}$	$\left(\frac{3}{2}\right)^{2}$	$\left(\frac{3}{2}\right)^{3}$	$\left(\frac{3}{2}\right)^{4}$	$\left(\frac{3}{2}\right)^{5}$	$\left(\frac{3}{2}\right)^{6}$
$\frac{2}{3}$	1	$\frac{3}{2}$	$\frac{9}{4}$	$\frac{27}{8}$	$\frac{81}{16}$	$\frac{243}{32}$	$\frac{729}{64}$

이 때 1보다 작은 값은 한 옥타브 보다 낮은 음이므로 음을 한 옥타브 올려주기 위해 2를 곱해주고, 2보다 큰 값은 한 옥타브 보다 높은 음이므로 음을 한 옥타브 내려주기 위해 $\frac{1}{2}$ 를 거듭 곱해준다.

$$\frac{2}{3}\times 2=\frac{4}{3},\quad \frac{9}{4}\times\frac{1}{2}=\frac{9}{8},\quad \frac{27}{8}\times\frac{1}{2}=\frac{27}{16}$$

$$\frac{81}{16}\times\left(\frac{1}{2}\right)^2=\frac{81}{64},\quad \frac{243}{32}\times\left(\frac{1}{2}\right)^2=\frac{243}{128}$$

이렇게 만들어진 진동수 비율을 크기순으로 나열하면 다음과 같다.

$$1,\quad \frac{9}{8},\quad \frac{81}{64},\quad \frac{4}{3},\quad \frac{3}{2},\quad \frac{27}{16},\quad \frac{243}{128},\quad 2$$

이것이 이른바 7음계의 효시이다. 이 7음계의 이름을 'C D E F G A B C'라 하였으며, 현재 쓰이는 이름으로 '도 레 미 파 솔 라 시 도'와 같다.

피타고라스 조율법은 동양에서도 찾아 볼 수 있다. 피타고라스보다 200여년 앞서 동양에서는 조율법의 하나로 '삼분손익법(三分損益法)'을 사용하였다. 삼분손익법이란, 삼분손일(三分損一)과 삼분익일(三分益一)을 교대로 반복하여 조율하는 방법이다. 삼분손일은 셋으로 나눈 후 하나를 빼는 것, 즉 1에서 $\frac{1}{3}$을 빼면 $\frac{2}{3}$이다. 삼분익일은 셋으로 나눈 후 하나만큼 더하는 것, 즉 1에 $\frac{1}{3}$을 더하여 $\frac{4}{3}$ 이다. 예를 들어 삼분익일과 삼분손일을 각각 한 번씩 거치면 $\frac{2}{3}\times\frac{4}{3}$ 하여 $\frac{8}{9}$의 비율이 만들어진다. 이것에 다시 삼분손일을 하면 $\frac{16}{27}$, 이것에 삼분익일을 하면 $\frac{64}{81}$의 비율이 된다. 이와 같은 방법의 국악 음계는 대나무 율관(원통형의 관)에 입을 대로 불 때 공기 기둥의 공명진동으로 발생하는 소리의 높이를 음계로 만들 것이다. 이 때 율관에서 나는 소리의 높이는 현에서와 같이 율관 길이에 반비례 한다.

생각하기 1

피아노 건반을 보면 한 옥타브 내에 흰 건반의 7음계 외에도 검정 건반의 5음계가 더 있음을 볼 수 있다. 즉 한 옥타브 내에 12개의 반음이 있다. 이와 같은 반음의 진동수 비를 구하시오.

chapter
05 한없이 커지는 해안선의 길이

구름이나 우주의 모습 등 자연 현상에는 무질서하게 보이는 것들이 많다. 겉으로는 불규칙해 보이는 현상에서도 자세히 관찰해보면 어떤 규칙성을 찾을 수 있음을 설명하는 이론이 카오스(혼돈)이론이다. 그 혼돈된 상태에서 기하학적이고도 규칙적으로 나타난 모형을 프랙탈(fractal) 구조라 한다.

고사리 잎이나 브로콜리 등의 식물은 어느 부분을 보아도 전체와 닮은 모양을 하고 있다. 이러한 성질을 '자기 유사성'이라 한다. 또 이러한 현상이 무한 반복되는 것을 '순환성'이라 한다. 프랙탈은 위 그림과 같이 자기 유상성과 순환성의 성질을 갖는다. 그래서 프랙탈을 이용하여 만든 미술 작품은 정교하면서도 일정한 규칙이 있으며 신비로운 느낌을 준다.

'프랙탈 기하학'의 창시자는 프랑스계 미국 수학자 만델브로트(Benoit Mandelbrot, 1924~2010)이다. 프랙탈이란 단어는 어원적으로 보면 한 부분이 전체의 모습을 대표하는 형상이라는 뜻을 내포하고 있다. 만델브로트는 라틴어의 '부서지다'라는 뜻의 동사 '(frangere)'에서 파생한 형용사 'fractus'를 찾았고, 어원이 같은 영어 단어 'fracture'와 'fraction'을 생각했고, 영어이면서 불어이며, 명사이자 형용사인 'fractal'을 만들었다. 그는 '영국을 둘러싸고 있는 해안선의 총 길이는 얼마인가' 라는 논문을 통해 움푹 들어가고 굴곡이 심한 영국의 해안선의 길이는 어떤 자로 측정하느냐에 따라 얼마든지 달라질 수 있다고 주장하였다. 즉 측정하는 자의 최소 단위가 1km일 때와 1m일 때 그 값이 다르게 나온다는 결론이다. 측정의 최소 단위가 작으면 작을수록 해안선의 길이는 길어진다. 보통은 상식적으로 측정값이 점점 더 큰 값을 가진다 하더라도 결국 해안선의 실제 거리에 접근할 것이라 생각할 것이다. 그러나 만델브로트는 측정 단위가 작아질수록 해안선의 길이는 한없이 커진다는 것을 발견하였다. 그 당시 만델브로트의 생각은 세계적으로 큰 파장을 일으켰다.

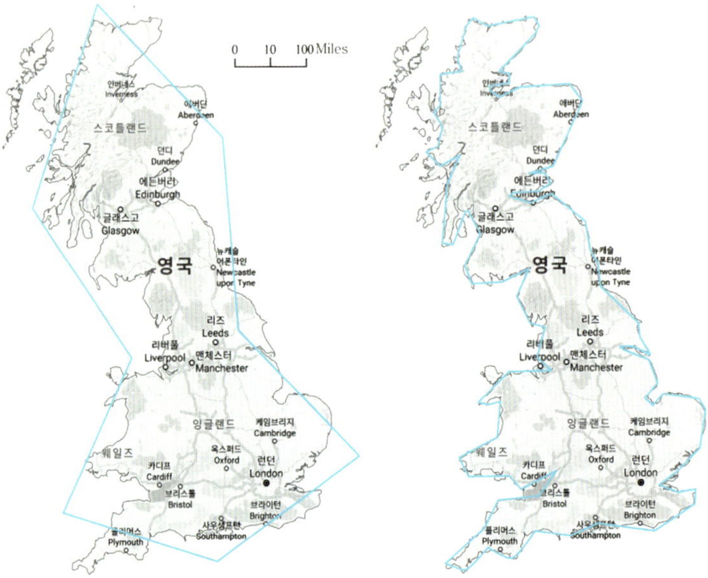

200마일 단위×8개=1600마일

25마일 단위×102개=2550마일

영국해안선의 길이는 세밀하게 측정할수록 커진다
출처: 만델브로트, "The Fractal Geometry of Nature"

프랙탈의 예로 시에르핀스키 삼각형과 코흐곡선을 살펴보자. 시에르핀스키 삼각형은 다음과 같은 방법을 통해 얻을 수 있다.

① 정삼각형 하나에서 시작한다.

② 정삼각형의 세 변 각각의 중점을 이으면 원래의 정삼각형 안에 작은 정삼각형이 만들어진다. 이 작은 정삼각형을 제거한다.

③ 남은 정삼각형들에 대해서도 ②를 재실행한다.

④ 이 과정을 무한 반복한다.

무한 반복할 때 시에르핀스키 삼각형의 변의 길이의 합은 어떻게 될까? 넓이는 어떻게 될까? 변의 길이의 합은 무한정 길어지지만 넓이는 0이 된다. 프랙탈 기하학에서는 변의 길이는 길어져도 넓이는 0이 되는 도형이 존재한다.

코흐곡선을 그리는 방법은 다음과 같다.

① 길이 1인 선분을 그린다.

② 선분을 3등분하고, 가운데 부분에 분할된 길이를 한 변으로 하는 정삼각형을 그린다.
③ 가운데 부분의 선분을 제거한다.

④ 이 과정을 남아있는 선분에 무한 반복한다.

이 코흐곡선을 다음 그림과 같이 정삼각형의 세 변에서 시작하여 그리면 눈송이 모양이 나타난다. 이때 코흐곡선은 교차하지 않는 연속선으로 무한이 길어지지만 원래의 정삼각형의 외접원 밖으로 나가지는 않는다. 신기하게도 유한한 공간 내에서 무한한 길이를 만들어 내는 것이다.

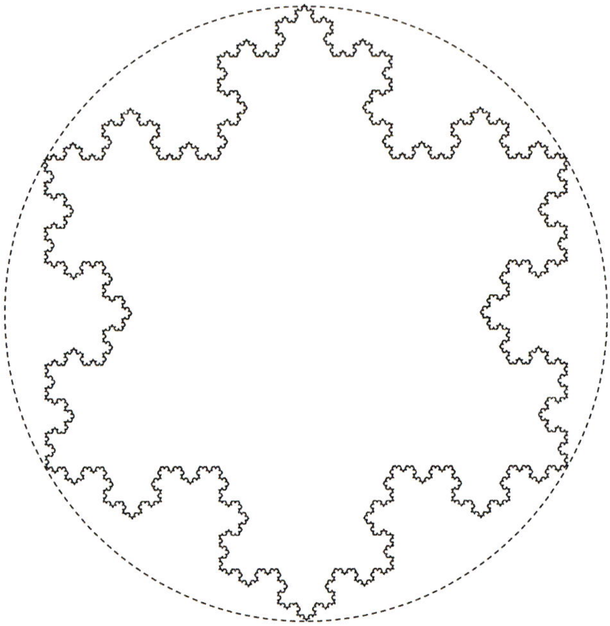

이러한 프랙탈의 구조를 인체에서 찾아볼 수 있다. 소장은 음식물을 소화시키고 소화된 음식물 속에서 필요한 양분을 흡수하는 중요한 부분이다. 소장의 길이는 약 7m에 불과하지만 이 일을 하기 위해 소장의 안쪽 벽은 수없이 많은 주름이 만들어져 있다. 무려 200㎡로 확장될 수 있다고 한다. 또 폐포는 매우 얇은 막으로 이루어진 공기 주머니로 많은 모세혈관으로 싸여 있다. 이 얇은 막을 통해 외부 공기와 혈액 사이에 기체가 교환된다. 양쪽 폐에는 모두 약 3억 개의 폐포가 존재하며, 폐포의 전체 넓이는 160㎡이다. 이는 피부 넓이의 80배가 되는 셈이다. 생명체는 끊임없는 에너지대사를 위해 일정한 부피 안에서 최대의 넓이를 확보하는 것이 중요하다. 이는 코흐곡선에서 보았듯이 유한한 공간 내에서 무한한 길이를 만들어내는 프랙탈 구조에서 찾을 수 있다. 이렇게 프랙탈의 원리로 확보한 표면적으로 생명체의 생명이 유지되고 있는 것이다.

생각하기 1

코흐눈송이를 단계별로 나타내면 그림과 같다.

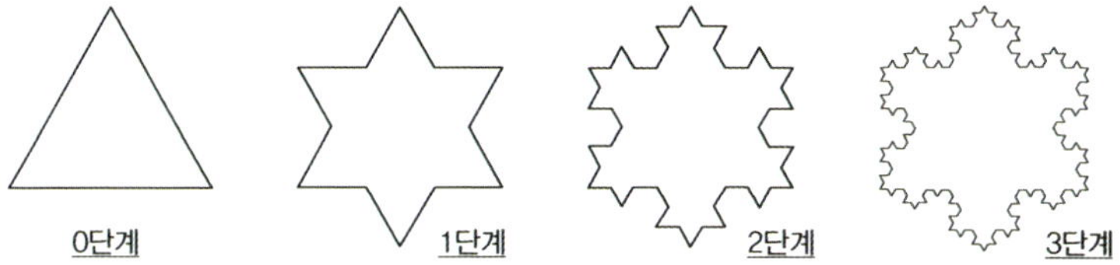

(1) n단계에서 둘레의 길이를 구하시오.

(2) 무한히 반복할 때 코흐눈송이의 넓이를 구하시오.

생각하기 2

정사각형을 시작으로 일정한 규칙을 반복 시행하여 프랙탈을 만들어 보시오.

생각하기 3

생활 주변에서 프랙탈의 구조를 갖는 것을 찾아 설명해 보시오.

chapter

06 신비로운 수

피타고라스 학파는 숫자가 우주의 근원이며, 모든 사물들이 실제로 숫자로 이루어져 있다고 믿고 수를 연구하였다. 피타고라스가 발견한 특별한 자연수는 완전수이다. 완전수(Perfect number)는 자연수 중에서 '자기 자신을 제외한 자신의 약수들의 합이 다시 자신이 되는 수'를 말한다. 여기서 약수란 어떤 자연수가 있을 때 그 수를 나누어 떨어지게 하는 자연수를 말한다. 예를 들어 8의 약수는 1, 2, 4, 8이다. 즉, 1, 2, 4, 8로 8을 나누면 '나누어 떨어진다'는 뜻이다.

6은 자연수 최초의 완전수이다. 6의 약수 1, 2, 3을 더하면 6 자신이 되기 때문이다. 완전수는 자연수 천만까지 중에서 겨우 네 개밖에 없다. 4개의 완전수 6, 28, 496, 8128는 이미 기원전에 발견된 것이고, 1999년 6월까지 이 4개를 포함하여 38개의 완전수가 발견되었다. 그 중 가장 큰 것은 자리수가 4,197,919개이므로 숫자를 나열하기 위해서는 100여장의 종이로도 자리가 부족할 것이다.

지난 수 세기 동안 사람들은 완전수를 수학의 대상으로 어떠한 응용이나 실제적인 목적보다는 흥미의 대상으로 종교적 관점에서 바라보았다. 수학, 철학, 종교의 근본이 같다고 믿었던 시절의 사람들은 완전수가 신이 선택한 숫자라고 믿었다. 아우구스티누스는 6이 완전수인 이유는 신이 모든 것을 6일 동안 창조했기 때문이 아니라, '6이 완전한 숫자이기 때문에 신도 6일 만에 천지를 창조하였다'고 주장하였다. 28 역시 신의 선택을 받은 숫자이며, 그래서 달이 지구를 한 바퀴 도는 데 28일이 걸린다는 주장도 있다(오늘날 그 주기는 27.322일로 알려져 있다).

앞서 말한 4개의 완전수를 보면 모두 짝수이면서 6이나 8로 끝난다는 것을 알 수 있다. 홀수인 완전수는 없는가? 홀수인 완전수가 존재하느냐 존재하지 않느냐의 문제는 수론에서 널리 알려진 미해결 문제 중의 하나이다. 확실한 것은 알려진 완전수 중 홀수는 하나도 없다는 것이다.

완전수가 우주를 지탱하는 완전한 존재였다면 친화수는 천생연분인 둘을 뜻하는 것으로 여겨졌다. 친화수(Amicable number)는 우애수라고도 부르는데, 두 수의 쌍으로, 어느 한 수의 진약수(자기 자신을 제외한 약수)들을 모두 더하면 다른 수가 되는 것을 말한다. 피타고라스가 발견한 첫 번째 친화수는 220과 284이다. 220의 진약수 1, 2, 4, 5, 10, 11, 20, 22, 44, 55, 110을 모두 더하면 284가 된다. 반대로 284의 진약수 1, 2, 4, 71, 142를 모두 더하면 220이 된다. 기록에 따르면 피타고라스에게 친구란 무엇이냐고 물어보았을 때, 숫자 220과 284처럼 또 다른 나 같은 존재가 친구라고 답했다고 한다. 연인이나 친구끼리 펜던트에 284와 220을 적어 서로 하나씩 간직하면서 사랑과 우정을 표시하는 것은 어떨까?

친화수에 대한 사람들의 관심은 높았지만 수백 년 동안 더 이상 발견되지 못하다가 1636년 친화수 17296과 18416을 페르마가 발견하였고, 그 이후 1638년 데카르트가 9363584, 9437056을 발견하였다. 그런데 아랍의 수학자 알파리지가 페르마보다 이미 수 백 년 전에 발견하였고, 알야즈디라는 학자가 데카르트 보다 먼저 발견하였다는 이야기도 있다. 그 후 1866년에 16세의 이탈리아 소년 파가니니(Paganini)가 약 2천 년 동안 최고의 수학자들도 찾아내지 못했던 두 번째 친화수 1184, 1210을 발견하였다.

최근에는 컴퓨터를 이용하여 더 많은 친화수를 알아내고 있으며, 현재 발견된 것만 약 1백만 개가 넘는다. 친화수의 쌍이 유한한지 무한한지는 알려져 있지 않지만 많은 수학자들이 친화수가 무한히 계속된다고 생각하고 있다. 수학사에 길이 이름을 남기길 원한다면 완전수와 친화수를 찾는데 도전해 보길 바란다.

생각하기 1

완전수의 약수들의 역수의 합은 2임을 보이시오.

chapter

07 작도할 수 없는 도형

작도란 눈금 없는 자와 컴퍼스만을 이용하여 주어진 조건에 만족하는 도형을 그리는 것을 말한다. 눈금 없는 자는 직선을 긋는 데, 컴퍼스는 원을 그리는 데 사용된다. 오랜 세월 동안 작도에 관한 문제는 많은 수학자들의 관심을 받았는데, 그 중 쉽게 그려지지 않는 다음과 같은 세 가지 작도 문제가 있다.

첫째, 주어진 정육면체의 두 배의 부피를 갖는 정육면체의 작도
둘째, 주어진 각의 삼등분각의 작도
셋째, 주어진 원과 넓이가 같은 정사각형의 작도

물론 자와 컴퍼스 이외의 도구를 사용하거나 눈금 있는 자를 사용하면 위의 도형을 작도할 수 있지만 눈금 없는 자와 컴퍼스만을 사용하여 작도할 수 없으므로 '작도 불능'이라 한다. 이 문제에 대한 증명을 살펴보기 위해 먼저 '작도수'에 대한 이해가 필요하다. 거리가 a인 두 점을 작도할 수 있으면 a와 $-a$를 작도수(constructible number)라 부른다. 다음과 같이 유리수 길이를 작도할 수 있다.

① 단위길이(1)를 작도하고 이 선분의 왼쪽 끝점을 시작으로 길이 b를 작도한다.
② 단위길이 왼쪽 끝점에서 각이 생기도록 선분을 긋되 길이가 a가 되도록 긋고, 그 선분을 연장한다.

③ 길이 b의 오른쪽 끝점과 a의 오른쪽 끝점을 연결하고 s라 한다.

④ 단위길이의 오른쪽 끝점에서 선분 s에 평행선을 작도하여 길이 a인 선분의 연장선과 만나도록 한다.

⑤ 그림에서 두 삼각형이 닮은꼴이므로 $1 : b = x : a$이다. 따라서 $x = \frac{a}{b}$이고 작도수이다.

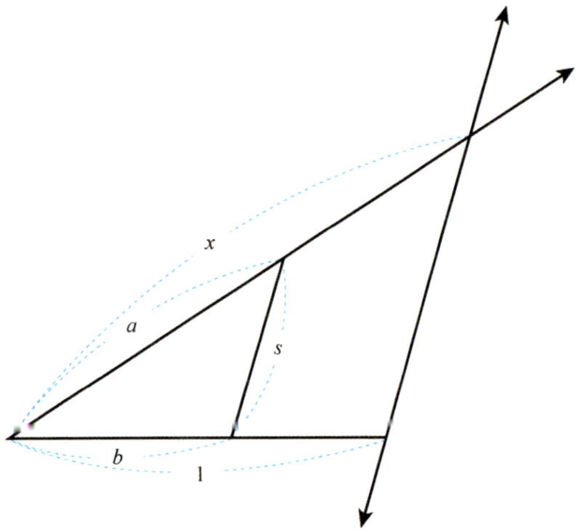

유리수로부터 사칙연산을 하거나, 제곱근을 취해서 얻은 수는 모두 작도수이다. 그 작도 방법은 다음과 같다.

덧셈

① 한 직선의 길이(b)를 컴퍼스로 잰 후, 다른 직선(길이가 a인)의 오른쪽 끝에서 컴퍼스로 잰 길이(b)를 반지름으로 하는 원을 그린다.

② 길이가 a인 선분의 오른쪽 끝점에서 원과 만날 때 까지 연장선을 긋는다.

③ $a+b$는 작도수이다.

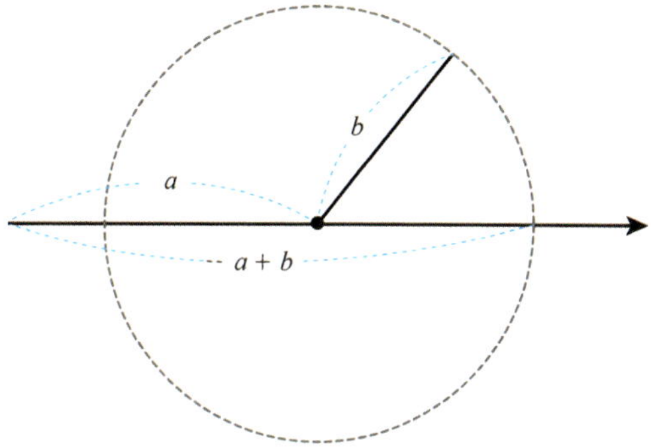

뺄셈

① 작은 직선의 길이(a)를 컴퍼스로 잰다.

② 긴 직선(b)의 오른쪽 끝점을 중심으로 a를 반지름으로 하는 원을 그린다.

③ $b-a$는 작도수이다.

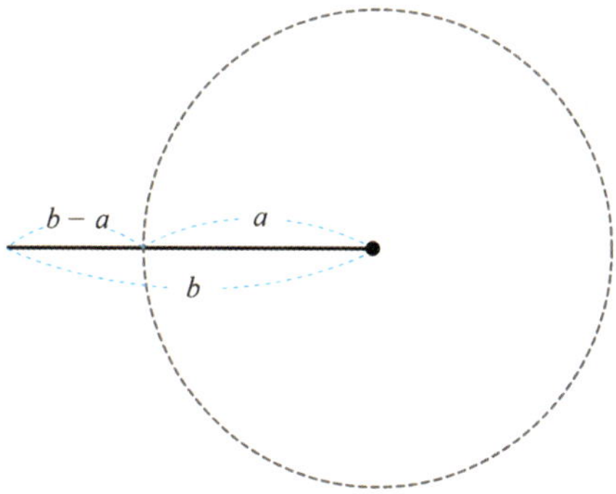

곱셈

① 길이가 b인 선분을 작도하고 이 선분의 시작점에서 단위길이(1)를 긋고, 그 점에서 각이 생기도록 길이가 a인 선분을 작도하고, 그 선을 충분히 연장시킨다.

② 단위길이를 갖는 선분의 오른쪽 끝점과 길이가 a인 선분의 오른쪽 끝점을 연결하고 이 선분을 s라 한다.

③ 길이가 b인 선분의 오른쪽 끝점에서 s와 평행이 되게 선분을 그린다.

④ 두 삼각형이 닮은꼴이므로 $a:1=x:b$이다. 따라서 $x=ab$이고, 작도수이다.

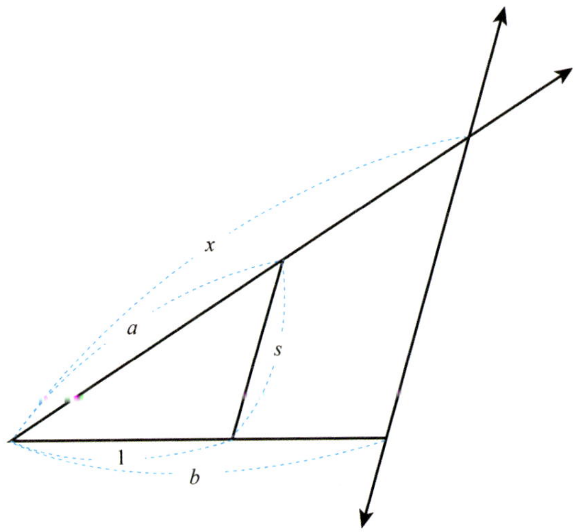

나눗셈

① 길이가 b인 선분을 작도하고 이 선분의 시작점에서 각이 생기도록 길이가 a인 선분을 작도하고, 이 선분 위에 단위길이(1)를 긋는다.

② 길이가 a인 선분의 오른쪽 끝점과 길이가 b인 선분의 오른쪽 끝점을 연결하고, 이 선분을 s라 하자.

③ 길이가 1인 선분의 오른쪽 끝점에서 s와 평행이 되게 선분을 아래로 그린다.

④ 삼각형에서 s는 밑변에 평행이므로 $b : x = a : 1$이다. 따라서 $x = \dfrac{b}{a}$이고, 작도수이다.

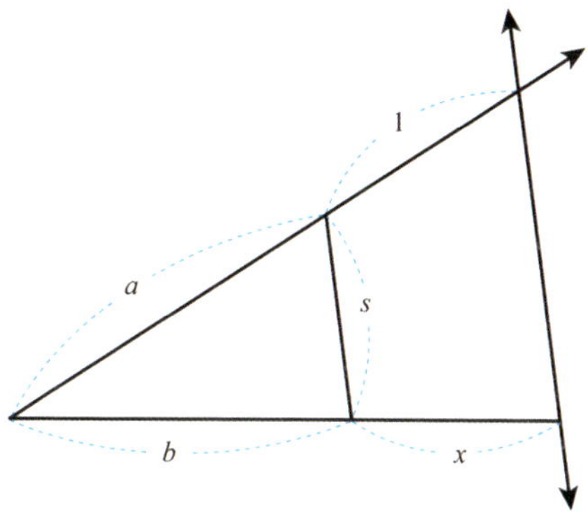

m의 제곱근 ($\sqrt{m}$)

① 길이가 m인 선분을 긋고 이어서 단위길이 선분을 그린다.

② 길이가 $m+1$인 선분의 중점을 작도하여 그 점을 중심으로 반원을 그린다.

③ 길이가 m인 선분의 오른쪽 끝점에서 수직선을 긋고, 이 길이를 b라 한다. 따라서, $b = \sqrt{m}$이고, 작도수이다.

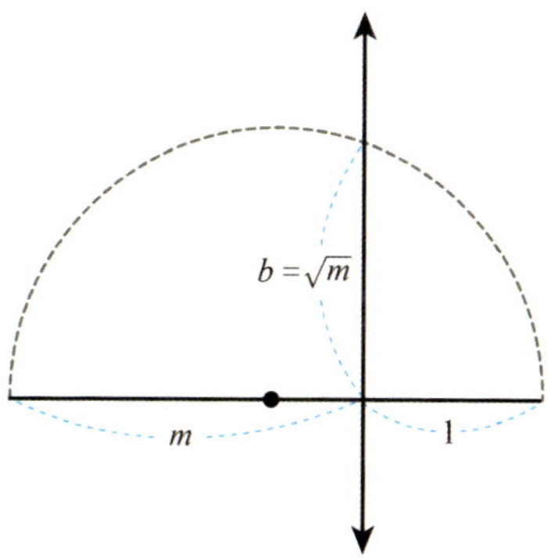

이와 같은 방법으로 작도하면 유리수로부터 사칙연산을 하거나, 제곱근을 취하여 얻어지는 수는 모두 작도수임을 알 수 있다.

이제 다시 문제로 돌아와서 앞의 세 가지 도형은 왜 작도할 수 없는지 설명해 보자.

첫 번째 문제에 관한 재미있는 이야기가 전해진다. 기원전 430년 경 그리스 델로스 섬에서 전염병으로 수많은 사람들이 죽게 되자 델로스 시민들은 아폴로 신의 노여움 때문이라 생각하고 신전 앞에서 전염병이 사라지기를 기도하였다. '정육면체로 된 아폴로 신전 제단의 부피를 두 배로 하면 소원을 들어주겠다'는 신탁을 받고, 델로스 시민들은 원래 제단의 각 변의 길이를 2배로 하여 새로운 제단을 만들었으나 병은 없어지지 않았다. 새로 만든 제단의 부피는 2배가 아니라 8배가 되었던 것이다. 주어진 정육면체의 한 모서리의 길이가 1이라 하면 그 정육면체의 부피는 1×1×1=1이다. 부피가 2배, 즉 부피가 2가 되는 정육면체의 한 모서리의 길이를 구하기 위해서는 $x^3 = 2$를 만족하는 x를 찾아야 한다. 이때, $x = \sqrt[3]{2}$ 이므로 $\sqrt[3]{2}$ 를 작도할 수 있으면 부피가 2가 되는 정육면체도 작도할 수 있다. 그런데 $\sqrt[3]{2}$ 는 작도수[12]가 아니므로 부피가 2가 되는 정육면체는 작도할 수 없다.

두 번째 주어진 각의 삼등분각을 작도하는 문제이다. 주어진 각을 이등분할 수 있다는 것은 모두 잘 알고 있을 것이다. 또 만약 주어진 각이 90°와 같이 특수한 각이라면 다음과 같이 삼등분각을 쉽게 작도할 수 있다.

---

12) 유리수로부터 사칙연산을 하거나, 제곱근을 취해서 얻은 수는 모두 작도수이다.

① 두 직선을 직각이 되도록 한 점 O에서 만나게 그린다.

② 점 O에서 적당한 반지름을 가진 원(원1)을 그린다.

③ 원1과 두 직선이 만나는 점을 A, B라 표시한다.

④ 점 A, B를 중심으로 원1의 반지름(OA) 길이를 반지름으로 하는 원2와 원3을 각각 원1과 교차 되게 그리고, 원2와의 교점을 P, 원1과의 교점을 Q라 표시한다.

⑤ 점 O에서 점 P와 Q로 직선을 그으면 직각이 3등분 된다(부채꼴 내의 두 정삼각형을 이용하면 3등분됨을 알 수 있다).

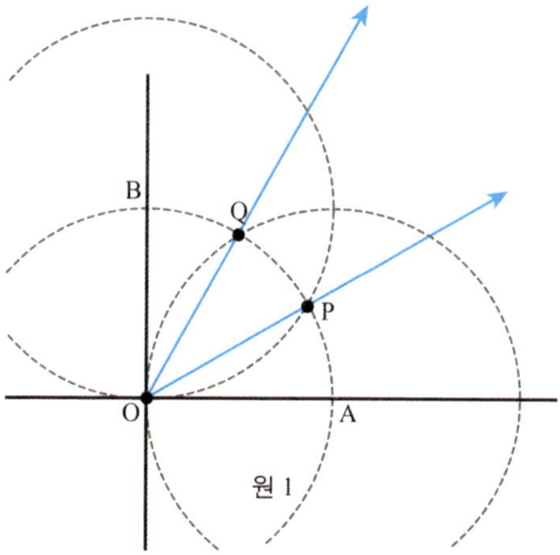

뿐만 아니라 90°를 계속 이등분해서 얻는 45°, 22.5°, 11.25°,…등도 모두 삼등분할 수 있다.(이미 작도한 30°를 이등분하면 가능하다.) 그러나 60°를 삼등분할 수 있는지 살펴보자. 60°를 삼등분할 수 있느냐는 20°를 작도할 수 있느냐는 문제와 같다. 20°를 작도할 수 있느냐는 것은 cos20°가 작도수이냐는 문제와 같다. 그런데 cos20°는 $8x^3-6x-1=0$의 근이다. 이 3차식은 유리계수 1차식과 2차식의 곱으로 인수분해 할 수 없으므로 이 식의 근은 유리수로부터 사칙연산을 하거나 유리수에 제곱근을 취하여 얻을 수 없다. 따라서 $\cos 20^\circ$는 작도수가 아니다. 따라서 20°와 40°는 작도할 수 없는 각이며, 한 내각의 크기가 40°인 정9각형도 작도할 수 없다. 첫 번째와 두 번째 문제의 작도 불가능은 1837년 프랑스 수학자 방첼(Pierre Wantzel)이 증명하였다.

세 번째 문제는 주어진 원과 넓이가 같은 정사각형을 작도하는 것이다. 기원전 1800년 경 이집트인들은 원의 넓이에 대해 원 지름의 $\frac{8}{9}$을 한 변으로 하는 정사각형의 넓이를 원의 넓이로 계산하였다. 이를 이용하여 문제를 해결하려고 하였으나 원의 넓이를 정사각형으로부터 근사적으로 계산한 것이기 때문에 정확하다고 볼 수 없다. 만약 주어진 원의 반지름의 길이가 1이라 하면 그 원의 넓이는 π이고, 따라서 정사각형의 한 변의 길이를 $\sqrt{\pi}$로 택해야 하는데 $\sqrt{\pi}$는 초월수이므로 작도 불가능하다. 이는 1882년 독일 수학자 린데만(Ferdinand von Lindemann)이 증명하였다.

한편, 고대 그리스인들은 주어진 다각형과 넓이가 같은 삼각형을 작도할 수 있었다. 또한 주어진 삼각형과 넓이가 같은 정사각형을 작도할 수 있었다. 이를 이용하여 원과 넓이가 같은 다각형을 작도한다면 원과 넓이가 같은 정사각형을 작도할 수 있을 것이라 생각했다. 그래서 그리스 수학자 안티폰(Antiiphon)은 주어진 원에 내접하는 정사각형을 그리고 정사각형의 각 변에 중점을 이용하여 원에 내접하는 정팔각형을 작도하고, 같은 방법으로 반복하여 정16각형, 정32각형, 정2^n각형을 작도하였다. 이와 같이 만들어지는 내접 정2^n각형의 넓이는 n이 커질수록 점점 원의 넓이에 가까워지고 결국 원의 넓이와 같아지게 된다는 것이다. 그러나 작도는 유한 번의 단계를 전제로 하고 있어서 무한히 계속된다는 섯은 허용되지 않는다.

이러한 작도 문제를 풀기 위해 끊임없는 도전 끝에 2000여 년이 지난 19세기에 와서야 눈금 없는 자와 컴퍼스만으로는 작도가 불가능하다는 것이 증명되었다. 그러나 아직도 이 문제를 해결할 수 있다고 믿고 이 문제에 매달리는 사람들도 있다.

생각하기 1

고대 그리스인들은 주어진 다각형과 넓이가 같은 삼각형, 또 주어진 삼각형과 넓이가 같은 정사각형을 작도할 수 있었다.

(1) 다음 사각형, 오각형과 넓이가 같은 삼각형을 작도하시오.

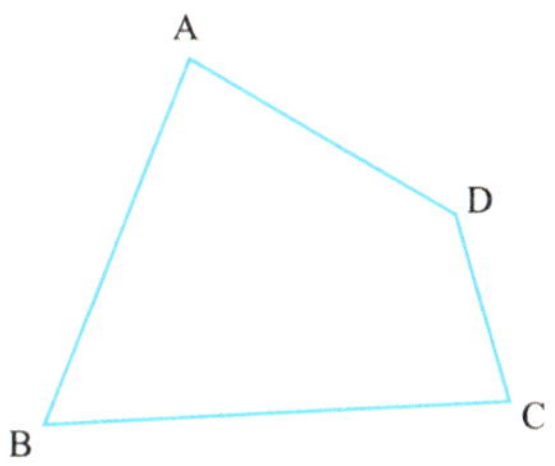

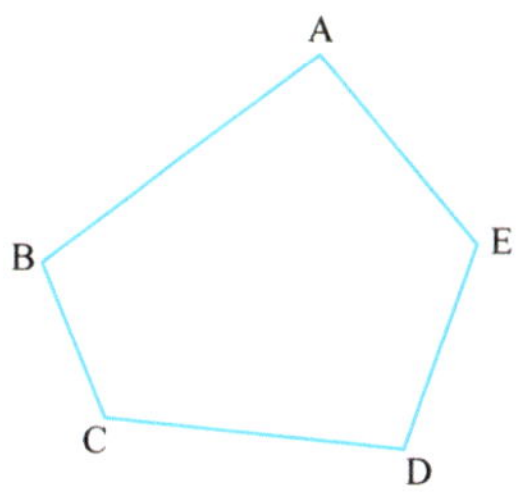

(2) 다음 삼각형과 넓이가 같은 정사각형을 작도하시오.

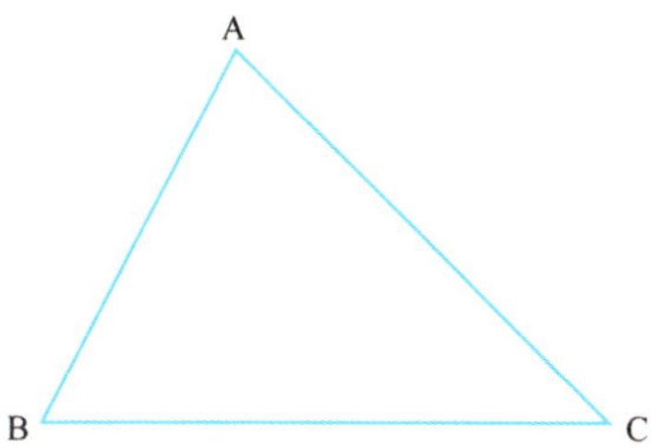

chapter
08 페르마의 마지막 정리

직각삼각형에 관한 피타고라스의 정리 – 직각삼각형에서 직각을 낀 두 변의 길이를 각각 x, y라 하고 빗변의 길이를 z라 할 때, $x^2+y^2=z^2$인 관계가 성립한다 – 는 매우 간단한 정리이면서 가장 유용한 정리이다. 여기서 방정식 $x^2+y^2=z^2$을 만족하는 세 자연수 (x, y, z)의 조합을 피타고라스 수라 하는데, (3, 4, 5), (5, 12, 13), (7, 24, 25) 등 무수히 많다. 오래 전부터 바빌로니아, 그리스, 중국, 인도 등의 수학에서 피타고라스 수를 만드는 방법에 대한 연구가 이루어져 왔다. 측량, 건축, 목공 등에서 직각을 만들어야 할 때 피타고라스 수가 중요하게 쓰이기 때문이다.

만약 피타고라스 수를 만드는 방정식 $x^2+y^2=z^2$에서 제곱이 아니라 세제곱이라면, 즉 방정식 $x^3+y^3=z^3$을 만족하는 자연수 x, y, z가 존재할까?

1630년 페르마는 자신이 읽고 있던 디오판토스의 책 '산학(arithmetica)'에서 주어진 제곱수를 두 개의 제곱수의 합으로 나타내는 문제의 여백에 다음과 같은 기록을 남겼다.

> 임의의 세제곱수는 다른 두 세제곱수의 합으로 표현될 수 없다.
> 임의의 네제곱수 역시 다른 두 네제곱수의 합으로 표현될 수 없다.
> 일반적으로, 3이상의 지수를 가진 정수는 이와 동일한 지수를 가진 다른 두 수의 합으로 표현될 수 없다.

즉 "방정식 $x^n + y^n = z^n$ 에서 n의 값이 3이상의 정수일 때, 이 방정식을 만족하는 0이 아닌 정수해는 없다."는 것이다. 그런데 그 이유를 적어 놓지는 않았다. 다만 "정말 놀라운 방법으로 이 정리를 증명했으나 여백이 부족하여 적지 않는다."라고 덧붙였을 뿐이다. 이 메모로 인해 전 세계 수학자들의 도전이 시작되었다. 당시 페르마가 제시한 문제들이 18세기까지 증명되거나 반증되었으나 이 문제만이 남아 있어서 이 문제에 '마지막'이라는 수식어가 붙어 '페르마의 마지막 정리'라 한다.

그 후 300년 넘게 가우스, 쿠머, 볼프스켈, 오일러, 소피 제르맹 등 많은 수학자들이 그 증명 방법을 찾으려고 노력하였으나 모두 실패하였다.

결국 페르마의 마지막 정리를 증명한 사람은 영국 옥스퍼드대학의 교수 앤드류 와일즈(Andrew Wiles)이다. 그는 10살 때 동네 도서관에서 300년간 풀리지 않은 문제, 페르마의 마지막 정리에 대해 읽고 앞으로 자신이 해결해야할 목표로 삼게 되었다. 그는 수학자가 되어 7년간 페르마의 마지막 정리를 연구하여 1993년 8월 케임브리지의 학회에서 증명을 발표하였으나 증명 과정에서 한 부분에 오류가 있음이 밝혀졌다. 그는 포기하지 않고 1년이 넘게 실패를 거듭하다가 드디어 1994년 9월에 완성된 증명을 발표하였다. 드디어 수많은 수학자들의 도전을 받아왔던 난제가 해결된 것이다. 이것은 앤드류 와일즈 혼자만의 성과라기보다는 그동안의 수학자들의 노력의 결실이라 할 수 있다.

앤드류 와일즈는 페르마의 마지막 정리를 증명하는 쾌거를 이루었으나 필즈상을 받지 못하였다. 필즈상은 수학의 새로운 분야 개척에 공헌한 수학자에게 주어지는 수학상으로 나이가 40세 이하이어야 한다. 당시 앤드류 와일즈는 안타깝게도 40세를 넘긴 시점이었다. 대신에 세상에 하나밖에 없는 볼프스켈 상을 받았다. 볼프스켈 상은 1905년 볼프스

켈이 페르마의 마지막 정리를 처음으로 증명하는 사람에게 자신의 재산 중 10만 마르크를 상금으로 주라는 유언에 따라 만들어진 상으로 90년이 지난 후에 그 주인을 찾게 된 것이다. 이렇게 페르마의 짧은 메모로부터 시작된 수학자들의 고민과 도전이 막을 내리게 되었다. 하지만 그 당시 페르마가 정말 증명을 했는지는 아무도 알 수 없는 수수께끼로 남아 있다.

생각하기 1

방정식 $x^n + y^n = z^n$에서 n의 값이 0보다 작은 정수일 때, 이 방정식을 만족하는 정수해가 존재할까? $n = -1$일 때, 방정식의 정수 해를 구하시오.

생각하기 해설

수학을 알면 다르게 보인다

01 자연의 질서

실험

해설

위에서 내려 볼 때 이어 나오는 잎과 잎 사이의 중심각이 일정하다. 이 일정한 각을 황금각이라 부르며 $360°/(1+\Phi) = 137.5°$이 된다.(Φ는 황금비)
3번 회전할 때 잎이 5개 나오므로 6번째 잎까지의 회전한 각이 3회전한 각과 같다면 잎이 겹칠 수 있다. 6번째 잎까지의 회전한 각은 $137.5° \times 5 = 687.5°$이다. 3회전의 각은 $360° \times 3 = 1080°$이므로 같지 않다. 그 다음을 계산 해 보면 다음과 같다.

한 가지에 m번 회전하는 동안 잎이 n개 나오는 비율 $\frac{m}{n}$

m번 회전하는 동안 잎이 n개 나오는 비율	① m회전 각	② n번째 간격의 각	①－② 각의 차
5/13	1,800°	1,787.5°	12.5°
8/21	2,880°	2,887.5°	7.5°
13/34	4,680°	4,675°	5°
21/55	7,560°	7,562.5°	2.5°
34/89	12,240°	12,237.5°	2.5°
55/144	19,800°	198,000°	0°

위의 표에 보듯이 55회전에 145번째 잎이 위에서 보면 처음 잎과 겹쳐 보이게 된다. 그러나 어느 식물도 145 잎이 생기지 않으므로 겹치는 식물은 없다.

02 무한의 세계

생각하기 1

해설

자연수 집합에서 홀수 n에 대해서는 $\frac{n-1}{2}$에 대응시키고,

짝수 n에 대해서는 $-\frac{n}{2}$에 대응시키면 아래 그림과 같이 일대일 대응하므로 정수 집합과 자연수 집합은 크기가 같다.

자연수 :	1	2	3	4	5	6	7	8	9	10	11	…
	|	|	|	|	|	|	|	|	|	|	|	
정수 :	0	-1	1	-2	2	-3	3	-4	4	-5	5	…

따라서 정수 집합은 진부분집합인 자연수 집합과 크기가 같은 무한집합니다.

03 안과 밖의 구분이 없는 세상

생각하기 1

해설

보통의 띠는 띠의 중앙을 따라 자르면 같은 모양의 띠 두 개가 생긴다. 뫼비우스 띠의 중앙을 따라 자르면 두 번 꼬인 고리 하나가 생긴다.

생각하기 2

해설

긴 고리와 작은 고리 두 개가 서로 연결되어 있다. 작은 고리는 처음 뫼비우

스 띠와 길이가 동일하며 한 번 꼬여 있고, 긴 고리는 두 번 꼬여 있다.

생각하기 3

해설

	꼬임 한 번	꼬임 두 번	꼬임 세 번	꼬임 네 번
이등분 자르기	두 번 꼬인 고리 한 개	두 번 꼬인 고리 2개 연결	여섯 번 꼬인 고리 한 개	네 번 꼬인 고리 2개 연결
삼등분 자르기	한 번 꼬인 고리와 두 번 꼬인 고리 연결	두 번 꼬인 고리 3개 연결	세 번 꼬인 고리와 여섯 번 꼬인 고리 연결	네 번 꼬인 고리 3개 연결
사등분 자르기	두 번 꼬인 고리 2개 연결	두 번 꼬인 고리 4개 연결	여섯 번 꼬인 고리 2개 연결	네 번 꼬인 고리 4개 연결

① 짝수 번 꼬인 띠의 규칙 : 안과 밖의 구분이 되고 등분하는 수만큼의 원래 모양의 고리가 만들어져 연결된다.

② 홀수 번 꼬인 띠의 규칙

- 짝수 번 등분하는 경우 : 꼬임수가 2배가 되는 하나의 띠가 (등분한 수)/2 개 만들어진다.
- 홀수 번 등분하는 경우 : 원래의 것과 같은 횟수만큼 꼬인 띠 하나와 꼬인 횟수가 2배인 띠 하나가 만들어져 연결된다.

04 조화로운 소리

생각하기 1

해설

$\frac{3}{2}$을 거듭 곱하면 다음 표와 같다.

3/2의 거듭곱	$(3/2)^{-6}$	2^{-3}	$(3/2)^{-5}$	$(3/2)^{-4}$	2^{-2}	$(3/2)^{-3}$	$(3/2)^{-2}$	2^{-1}	$(3/2)^{-1}$
계산	64/729	1/8	32/243	16/81	1/4	8/27	4/9	1/2	2/3
옥타브 조정	곱 16		곱 8	곱 8		곱 4	곱 4		곱 2
진동수 비	1024/729		256/243	128/81		32/27	16/9		4/3

3/2의 거듭곱	1	3/2	2	$(3/2)^{2}$	22	$(3/2)^{3}$	$(3/2)^{4}$	$(3/2)^{5}$	2^{3}	$(3/2)^{6}$
계산	1		2	9/4	4	27/8	81/16	243/32	8	729/64
옥타브 조정				곱 1/2		곱 1/4	곱 1/4	곱 1/4		곱 1/8
진동수 비		3/2		9/8		27/32	81/64	243/128		729/512

이것을 크기순으로 나열하면 다음과 같다.

1, 256/243, 9/8, 32/27, 81/64, 4/3, 1024/729, 729/512, 3/2, 128/81, 27/16, 16/9, 243/128, 2

729/512=1.4238…와 1024/729=1.4046…은 값의 차이가 크지 않으므로 같은 음으로 취급하면 진동수 비는 다음과 같다.

1, 256/243, 9/8, 32/27, 81/64, 4/3, 729/512, 3/2, 128/81, 27/16, 16/9, 243/128, 2

이와 같이 온음 사이에 한음씩 들어가는 새로운 음계를 구성하며 한 옥타브 내에 12개의 음계가 만들어진다.

05 한없이 커지는 해안선의 길이

생각하기 1

(1)

해설

단계	선분의 개수	한 선분의 길이	선분의 총 길이
0	3	1	3
1	$3 \cdot 4$	$\frac{1}{3}$	$3 \cdot \frac{4}{3}$
2	$3 \cdot 4^2$	$\left(\frac{1}{3}\right)^2$	$3 \cdot \left(\frac{4}{3}\right)^2$
3	$3 \cdot 4^3$	$\left(\frac{1}{3}\right)^3$	$3 \cdot \left(\frac{4}{3}\right)^3$
⋮	⋮	⋮	⋮
n	$3 \cdot 4^n$	$\left(\frac{1}{3}\right)^n$	$3 \cdot \left(\frac{4}{3}\right)^n$

(2)

해설

0단계 : $\frac{\sqrt{3}}{4}$

1단계 : $\frac{\sqrt{3}}{4}\left(\frac{1}{3}\right)^2 \times 3$

2단계 : $\frac{\sqrt{3}}{4}\left(\frac{1}{9}\right)^2 \times 4 \times 3$

3단계 : $\frac{\sqrt{3}}{4}\left(\frac{1}{9}\right)^3 \times 4^2 \times 3$

따라서 $\dfrac{\sqrt{3}}{4}+\dfrac{\sqrt{3}}{4}\left(\dfrac{1}{3}+\dfrac{4}{3^2}+\dfrac{4^2}{3^5}+\dfrac{4^3}{3^7}+\cdots\right)=\dfrac{\sqrt{3}}{4}\times\dfrac{8}{5}=2\dfrac{\sqrt{3}}{5}$

생각하기 2

해설

예 시어핀스키 카페트

정사각형의 한 변을 삼등분한 후 정가운데 정사각형을 제거하는 규칙을 반복시행하면 다음과 같이 나타난다.

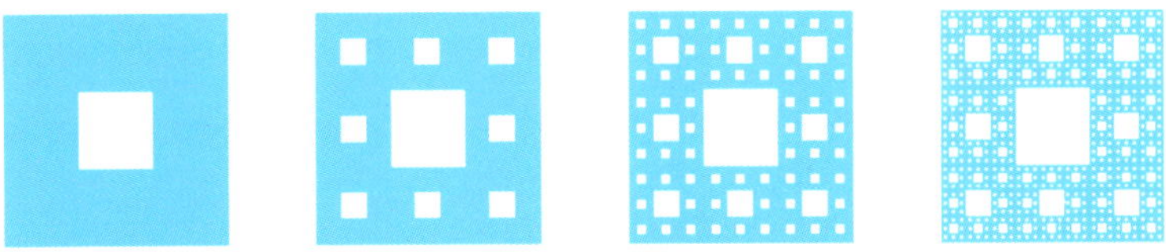

※ 다른 방식으로 규칙을 적용하여 다양한 프랙탈을 만들 수 있다.

06 신비로운 수

생각하기 1

해설

임의의 완전수를 m, 그의 약수들을 $1, p_2, p_3, \cdots, p_{n-1}, m$이라 하자.

완전수는 자기 자신을 제외한 자신의 약수들의 합이 다시 자신이 되는 수이므로 $m=1+p_2+p_3+\cdots+p_{n-1}$ 이다.

따라서 약수들의 역수의 합을 구하면

$\dfrac{1}{1}+\dfrac{1}{p_2}+\dfrac{1}{p_3}+\cdots+\dfrac{1}{p_{n-1}}+\dfrac{1}{m}=\dfrac{m+p_{n-1}+\cdots+p_2+1}{m}=\dfrac{m+m}{m}=2$ 이다.

07 작도할 수 없는 도형

생각하기 1

해설

(1)

① 점 D를 지나면서 AC에 평행한 선을 작도하여 BC의 연장선과 만나는 점을 E라 한다. 삼각형 ACD의 넓이와 삼각형 ACE의 넓이가 같으므로 사각형 ABCD와 삼각형 ABE의 넓이가 같다.

② 사각형과 같은 방법으로 오각형에서도 그림과 같이 평행선을 작도하여 오각형과 넓이가 같은 삼각형을 작도할 수 있다.

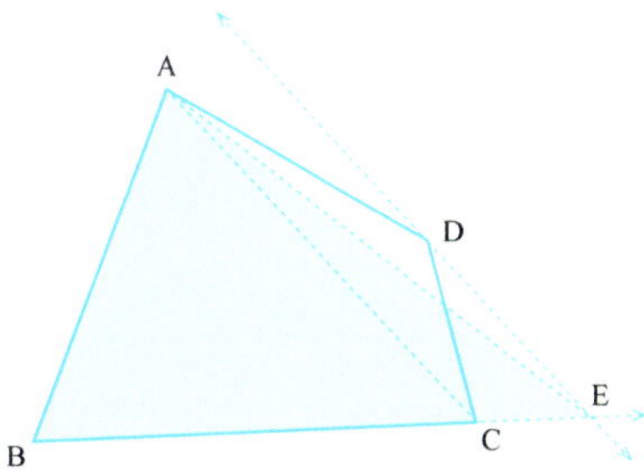

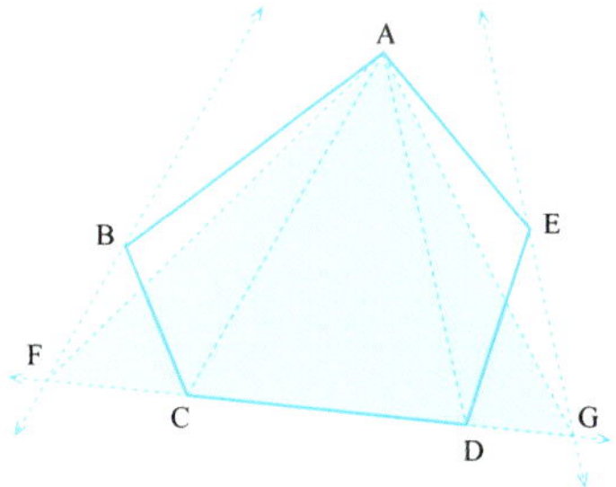

(2)

삼각형 ABC에서 AH의 중점 M을 작도한다.

HM의 길이만큼을 BC의 연장선에 옮겨서 점D라 한다.

BD의 중점 O를 중심으로 원을 작도한다.

C에서 수선을 작도하여 원과 만나는 점을 E라 한다.

CE를 한 변으로 하는 정사각형 CEGF를 작도한다.

$CE^2=BC\times CD=BC\times AH\times\frac{1}{2}$ 이므로 정사각형 CEGF의 넓이는 삼각형 ABC의 넓이와 같다.

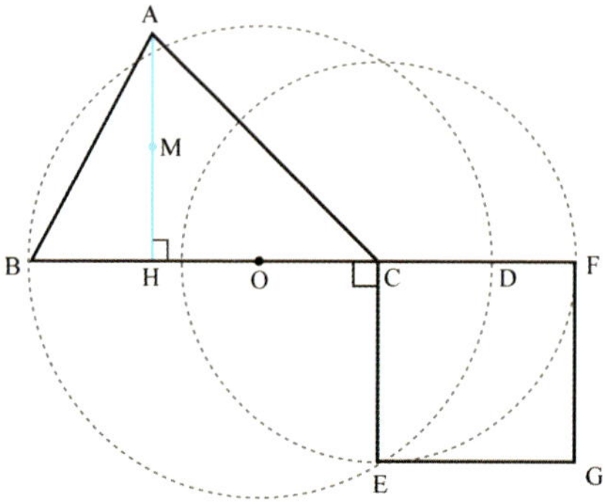

08 페르마의 마지막 정리

생각하기 1

해설

$x^n + y^n = z^n$ 에서 $n = -1$이면,

즉 $\frac{1}{x} + \frac{1}{y} = \frac{1}{z}$이다.

$x = y$인 경우, $\frac{1}{4} + \frac{1}{4} = \frac{1}{2}$, $\frac{1}{6} + \frac{1}{6} = \frac{1}{3}$ 등

$x \neq y$인 경우, $\frac{1}{x} + \frac{1}{y} = \frac{1}{z}$, $\frac{x+y}{xy} = \frac{1}{z}$, $\frac{xy}{x+y} = z$ 이므로

두 수의 곱(xy)이 두 수의 합$(x+y)$의 배수가 되는 서로 다른 두 수 x, y를 찾는다.

예를 들면 $4 \times 12 = 48$, $4 + 12 = 16$이므로 곱 48이 합 16의 배수가 된다.

따라서 $\frac{1}{4} + \frac{1}{12} = \frac{1}{3}$이므로 $(4, 12, 3)$은 위방정식을 만족하는 정수해가 된다.

Ⅳ

수학을 알면 다르게 보인다

chapter
01 정다면체

고대인들은 우주가 흙, 물, 공기, 불의 4가지 기본 요소로 이루어졌다고 생각했다. 과학자이며 철학자인 플라톤은 '정다면체는 우주의 삼라만상을 지탱하는 근원적인 힘'이라 생각하고 정다면체를 사용하여 우주와 자연계의 성립을 설명하려 했다. 그는 4가지 기본 원소의 입자는 모두 정다면체 꼴을 가지고 있다 여기고, 성질이 사나운 불은 날카로운 정사면체, 안정한 모습으로 쌓이는 흙은 정육면체, 가벼운 공기는 정팔면체, 부드러운 물은 정이십면체, 그리고 우주 전체의 형상을 정십이면체에 결부시켰다. 그래서 오늘날에도 정다면체를 '플라톤 입체'라 부르기도 한다.

정다면체는 각각 그것이 갖고 있는 면의 수에 따라 이름을 붙여 정사면체, 정육면체, 정팔면체, 정십이면체, 정이십면체라 하는데 오직 5가지만 존재한다. 그 이유는 무엇일까?

먼저 정다면체는 각 면이 모두 합동인 정다각형이고, 각 꼭짓점에 모이는 정다각형의 수가 같아야 한다. 이를 만족하도록 입체도형을 구성하려면 최소한 3개의 면이 있어야 하나의 꼭짓점을 만들 수 있다. 이 때 꼭지각의 합이 360°보다 작아야 볼록한 입체가 될 수 있다. 정육각형의 한 내각의 크기는 120°이므로 한 꼭짓점에 정육각형 3개를 모으면 360°가 되어 평면이 되므로 입체도형을 만들 수 없다. 정칠각형, 정팔각형 등은 한 내각이 120° 보다 커지므로 역시 3개를 모으면 360°가 넘어 모두 불가능하다. 그러므로 정다면체를 만들 수 있는 도형은 정삼각형, 정사각형, 정오각형 3가지이다.

한 면이 정삼각형인 경우 한 내각의 크기가 60°이므로 한 꼭짓점에 정삼각형이 6개 이상 모이면 360°보다 커지기 때문에 입체도형을 만들 수 없다. 따라서 정삼각형이 꼭짓점에 3개씩, 4개씩 또는 5개씩 모일 때 입체도형을 만들 수 있으며, 이것이 각각 정사면체, 정팔면체, 정이십면체이다.

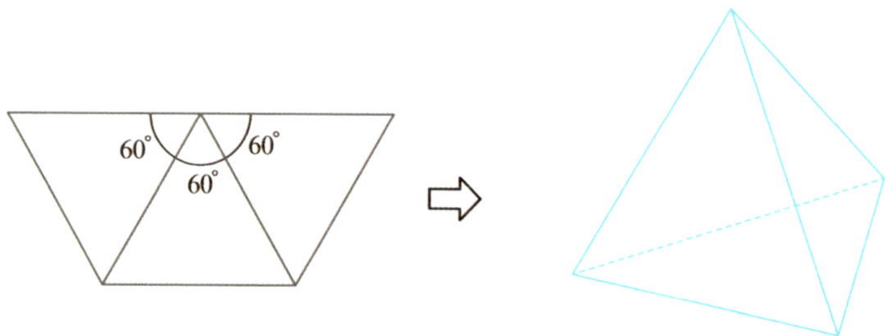

정사면체

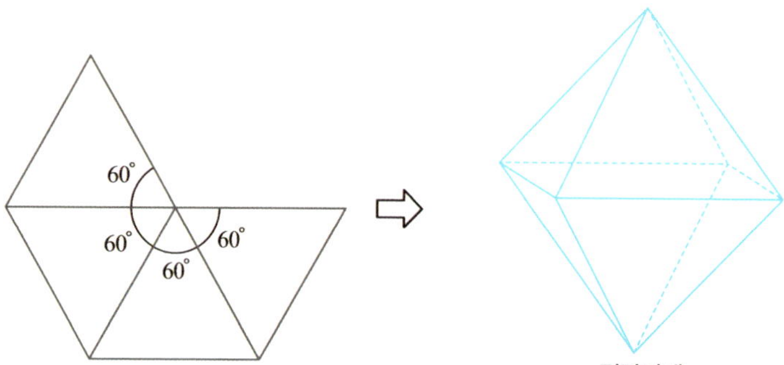

정팔면체

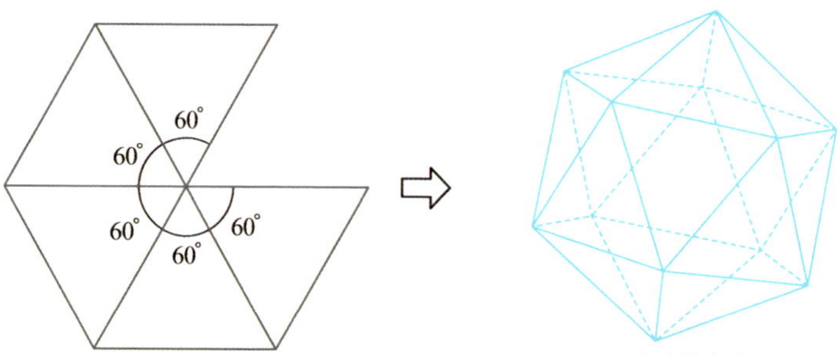

정이십면체

한 면이 정사각형인 경우 한 내각의 크기가 90°이므로 한 꼭짓점에 정사각형이 4개 이상 모이면 360°보다 커지기 때문에 입체도형을 만들 수 없다. 따라서 정사각형이 한 꼭짓점에 3개씩 모일 때 입체도형을 만들 수 있는데 이것이 바로 정육면체이다.

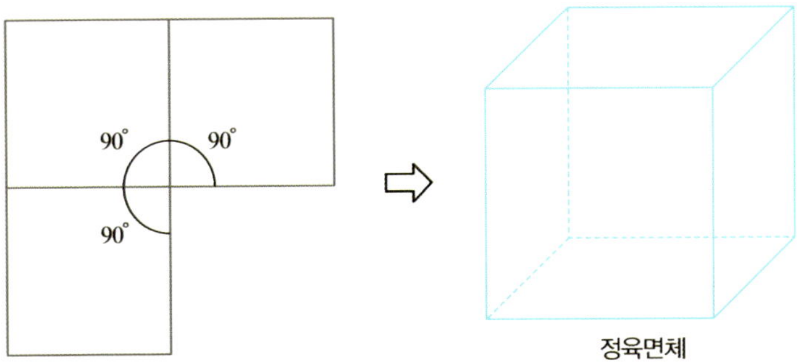

정육면체

한 면이 정오각형인 경우 한 내각의 크기가 108°이므로 한 꼭짓점에 정오각형이 3개씩 모일 때만 입체도형을 만들 수 있다. 이 때 만들어지는 것이 정십이면체이다.

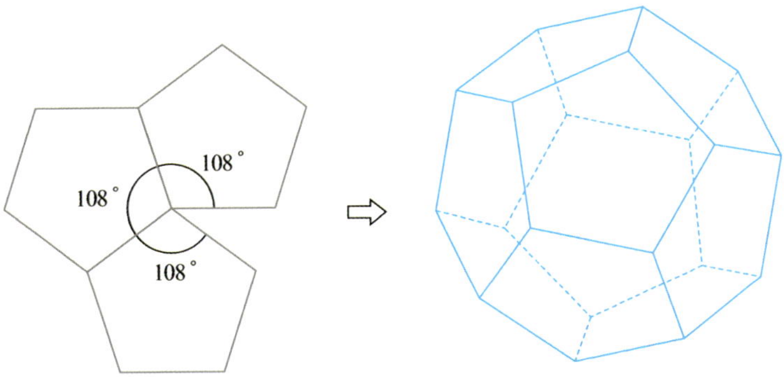

정십이면체

이와 같이 각 면이 모두 합동인 정다면체를 자연에서 발견할 수 있다. 물질을 이루는 기본 단위인 분자는 다시 여러 개의 원자들로 구성 되어 있다. 한 원자 주위의 전자쌍과 관련된 전자 밀도는 서로 반발하고 가능한 한 멀리 떨어져 있도록 배열하게 되는데, 서로 미치는 힘에 따라 적당한 거리를 유지한다. 특히 같은 원자들끼리 서로 미치는 힘이 같을 때 같은 거리를 유지하게 되므로 정다면체의 구조를 갖는 분자들이 많다. 메테인(CH_4)은 천연 가스의 주성분으로 무색, 무취인 가연성 기체인데 정사면체 구조를 갖는다. 정사면체의 중심에 탄소가 있고 네 개의 꼭짓점 각각에 수소가 있는 모양이다. 또 육불화황(SF_6)은 지구온난화의 주범인 온실가스 중 하나로 정팔면체의 구조를 갖는다.

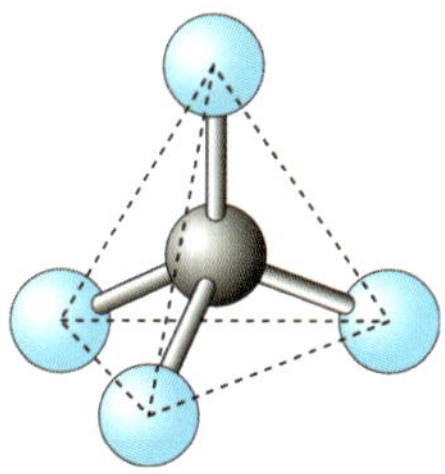

CH_4의 구조

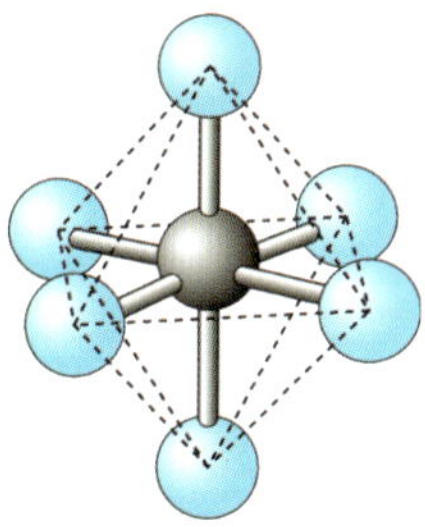

SF_6의 구조

또한 꽃가루는 물이나 바람, 곤충 등에 의해 운반되는데 겉껍질에 몇 개의 발아공이 뚫려 있다. 이 발아공의 배치에 규칙이 있는데, 발아공끼리 같은 간격을 유지하다보니 정다면체나 준정다면체의 꼭짓점에 위치하게 된다고 한다. 이 밖에 자연, 건축학, 기술과학 등에서 정다면체의 구조와 관련된 것들이 많이 있다.

생각하기 1

정다면체 각각의 꼭짓점의 수(V), 모서리의 수(E), 면의 수(F)를 찾고 그 사의 관계식을 구하시오.

생각하기 2

정다면체는 정사면체, 정육면체, 정팔면체, 정십이면체, 정이십면체로 5개밖에 없는 이유를 '생각하기 1'에서 찾은 관계식(오일러 공식)을 이용하여 설명하시오.

chapter
02 아르키메데스 다면체

매번 월드컵 때마다 많은 사람들은 새롭게 선보이는 월드컵 공인구에 관심을 갖게 된다. 어떤 이름으로 어떤 디자인과 기능을 갖게 될지 집중하게 되는데, 공인구는 점점 최첨단 기술이 더해지고 또 화려한 색상과 디자인을 자랑하며 등장한다.

그래도 축구공하면 떠오르는 것은 역시 검정색 정오각형과 흰색 정육각형으로 이루어진 모양이다. 이는 1970년 멕시코 월드컵 공인구(텔스타)부터 사용되었다. 정오각형 12개와 정육각형 20개로 완벽한 기하학적인 형태를 구현한다. 2002 한일 월드컵 공인구 '피버노바'까지는 같은 구조를 갖는다. 2006년 독일 월드컵의 공인구 '팀가이스트'는 다면체 구조에서 벗어났다. 정오각형과 정육각형 총 32개의 조각을 버리고 면수를 줄여서 14개의 조각을 이어 붙여 더욱 구에 가까운 모양을 만들었다. 최근 2014 브라질 월드컵 공인구 '브라주카'는 바람개비 모양 6개의 조각으로 보다 완벽에 가까운 구의 모습을 갖추고 있다. 축구공은 앞으로도 더욱 둥글어질 것이다. 다음 2018년 FIFA 러시아 월드컵에서는 어떤 모양의 공인구가 등장하게 될지 궁금해진다.

1970년

2002년

2006년

2014년

초기에 정오각형과 정육각형으로 이루어진 축구공 모양의 다면체는 정이십면체의 각 꼭짓점을 잘라서 만들 수 있다. 그림과 같이 정이십면체의 각 모서리를 삼등분하고 각 꼭짓점을 중심으로 잘라내면, 한 꼭짓점에 정삼각형 다섯 개가 모여 있으므로 잘린 면은 정오각형이 되고, 처음의 삼각형 면은 정육각형으로 바뀐다. 이것은 아르키메데스 다면체 중의 하나이며 깎은 정이십면체라 한다. 그러므로 깎은 정이십면체의 정오각형의 개수는 정이십면체의 꼭짓점의 개수와 같으며, 육각형의 개수는 정이십면체의 면의 개수와 같다.

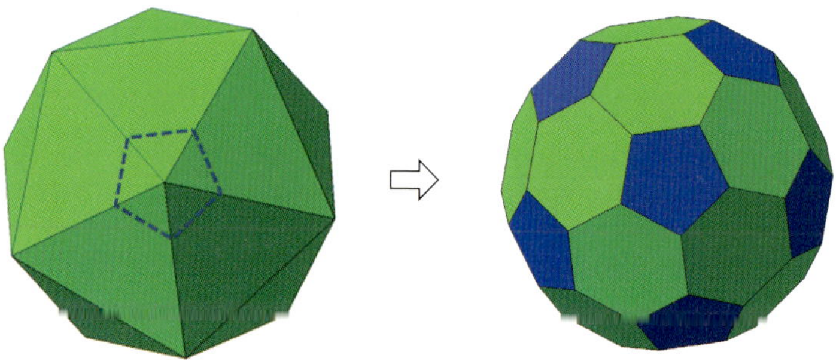

아르키메데스 다면체는 두 종류 이상의 정다각형으로 이루어져 있으며, 각 꼭짓점에 모이는 면이 배열된 형태가 모두 같은 볼록 다면체로 각기둥과 엇각기둥은 제외한다. 고대 그리스 수학자 아르키메데스가 발견했다고 하지만 정확한 기록은 없고, 이후 그 구체적인 모습은 1619년 캐플러가 재발견하였다.

아르키메데스 다면체는 정다면체(정사면체, 정육면체, 정팔면체, 정십이면체, 정이십면체)로부터 깎거나 부풀려서 총 13 종류를 만들어낼 수 있다.

첫 번째 방법은 정다면체의 각 꼭짓점을 잘라내는 것이다. 정다면체 모서리의 1/3 지점에서 꼭짓점을 잘라내면 정사면체는 깎은 정사면체로, 정육면체는 깎은 정육면체로, 정팔면체는 깎은 정팔면체로, 정십이면체는 깎은 정십이면체로, 정이십면체는 깎은 정이십면체로 총 5개가 만들어진다. 또 정다면체 모서리의 가운데 지점을 자르면 정육면체와 정팔면체는 육팔면체로, 정이십면체와 정십이면체는 십이이십면체로 만들어 지는데, 이것은 다음에 설명하는 두 번째 방법에서 얻을 수 있는 모양과 같다.

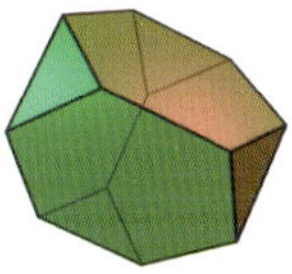
깎은 정사면체

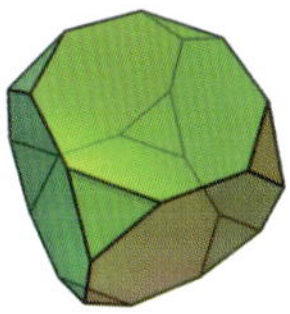
깎은 정육면체

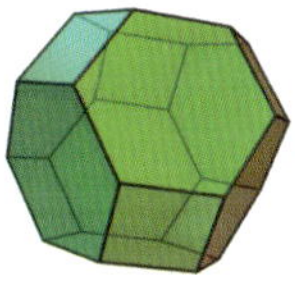
깎은 정팔면체

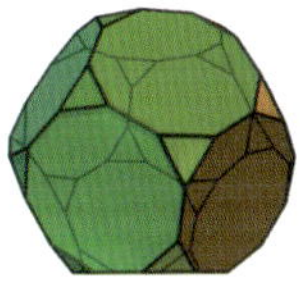
깎은 정십이면체

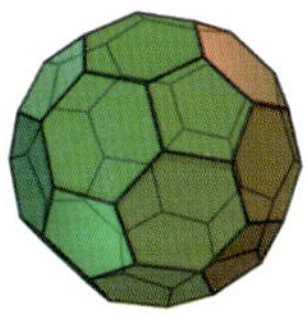
깎은 정이십면체

두 번째 방법은 정다면체를 부풀려서 만드는 것이다. 정육면체의 각 면을 일정한 간격으로 다 떼어낸 다음 그 안에 정삼각형으로 채워서 부풀린다. 이렇게 만들어지는 입체 도형은 총 2개로 다듬은 육팔면체(부풀린 정육면체)와 다듬은 십이이십면체(부풀린 정십이면체)가 있다.

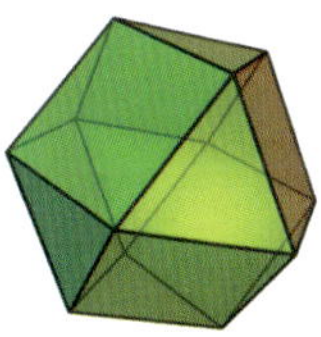
육팔면체

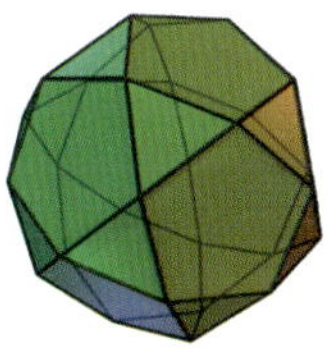
십이이십면체

세 번째 방법은 정다면체를 이중 절단하는 것이다. 정육면체의 모서리 부분을 잘라 만든 육팔면체의 꼭짓점을 다시 잘라내면 깎은 육팔면체(이중절단 정팔면체)가 만들어진다. 이와 같은 방법으로 하면 깎은 십이이십면체(이중절단 정이십면체), 이중절단 정육면체(마름모육팔면체), 이중절단 십이면체(마름모십이이십면체) 총 4개가 만들어진다.

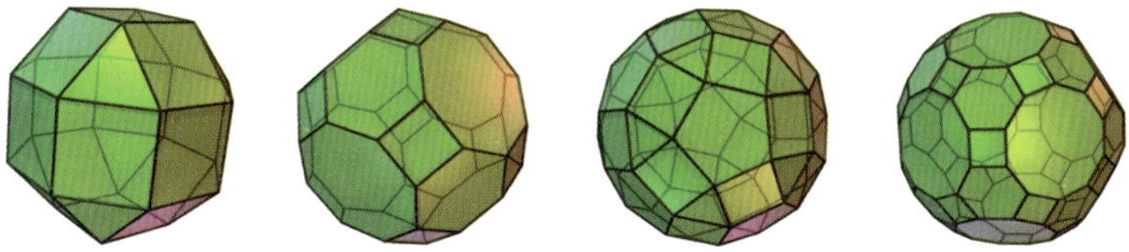

이중절단 정육면체 (마름모육팔면체) | 이중절단 정팔면체 (깎은 육팔면체) | 이중절단 십이면체 (마름모십이이십면체) | 이중절단 정이십면체 (깎은 십이이십면체)

생각하기 1

축구공 모양의 깎은 정이십면체에서 꼭짓점의 개수, 모서리의 개수, 면의 개수를 다양한 방법으로 구하시오.

생각하기 2

주령구는 1975년 경주 안압지에서 출토된 정사각형 면 6개와 육각형 면 8개로 이루어진 14면체 주사위이다. 각 면에는 다양한 벌칙이 적혀있어 신라인들의 놀이도구로 사용되었다고 한다. 실제로 면의 넓이를 계산해 보면 정사각형은 6.25㎠, 육각형은 6.265㎠로 넓이가 거의 같이 때문에 각 면이 나올 확률이 1/14가 되는 전 세계적으로 유례없는 수학적인 놀이도구이다. 주령구와 유사한 다면체 모양을 찾아보고 어떻게 만들어지는지 말해보시오.

chapter
03 매듭이론

예로부터 동서양을 막론하고 끈으로 매듭을 만들어 아름다운 장식을 만들거나 밧줄을 매듭으로 묶어 실생활에 사용해 왔고, 그것은 지금까지 계승되고 있다. 매듭은 매 가닥을 엮어 모은다는 뜻으로 끈목을 사용하여 맺고 엮어 여러 가지 모양을 만드는 수법이나 만들어진 그 형태를 말한다. 우리나라 전통 매듭은 앞과 뒤의 모양이 같고, 중심에서 시작하여 중심에서 끝나며, 좌우대칭의 모양을 갖는 특징이 있다.

수학에서도 매듭을 다룬다. 수학적인 매듭은 처음과 끝이 연결된 닫혀 있는 곡선이다. 매듭이론은 공간의 성질을 연구하는 위상수학의 한 분야로 간단히 말해 한 공간 안에 다른 공간이 어떻게 들어가 있을 수 있는지를 연구한다. 직관적인 예로 3차원 공간 안에 1차원인 끈이 어떻게 꼬여 있을 수 있는가를 생각할 수 있다.

매듭이론에서는 하나의 매듭을 끊지 않고 매끄럽게 움직여서 다른 매듭으로 바꿀 수 있을 때, 같은 종류의 매듭이라고 한다. 매듭이론의 중요한 과제 중 하나가 매듭의 종류를 분류하는 것이다. 여기서는 매듭의 종류를 구분하는 기준으로 두 줄이 서로 연결되지 않고 교차하는 '교차점'의 개수를 생각해보자. 교차점이 없는 고리와 같은 모양은 '영매듭' 또는 '풀린매듭'이라 한다. 아래 그림과 같이 엇갈린 부분이 아무리 많아도 몇 번 꼬 아 원모양의 고리로 바꿀 수 있으면 이 또한 영매듭이다. 어린 시절에 하던 실뜨기 놀이를 생각해 보자. 처음에 고리 모양의 실을 손가락에 걸어서 다른 모양으로 바꾸어 가지만 마지막에 다시 고리 모양으로 돌아오게 된다. 수학적으로 볼 때 이는 모두 풀린매듭이다.

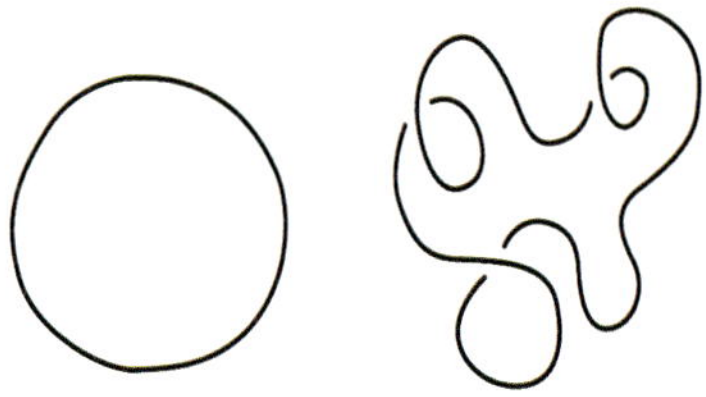

영매듭(풀린매듭)

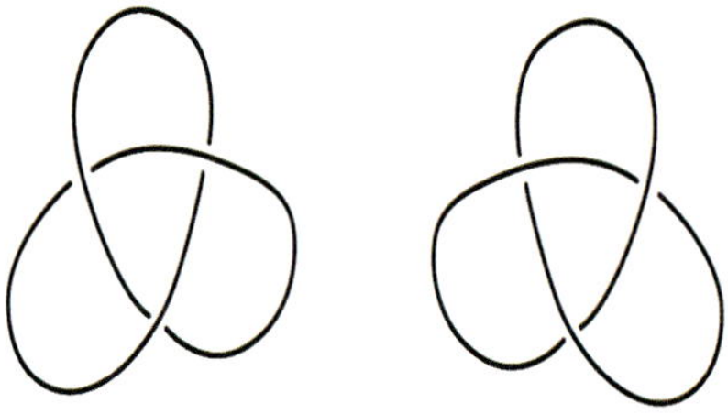

세잎매듭

세 개의 교차점을 갖는 '세잎매듭'은 그림과 같이 두 가지가 있다. 이 둘은 언뜻 보기에 같은 매듭으로 보이지만 줄을 끊어내지 않고서는 하나를 다른 하나로 변형시킬 수 없으므로 서로 다른 매듭이다. 세잎매듭에는 오직 이 두 가지 형태만 존재하며 세잎클로버 모양으로 서로 거울에 비춘 형태를 이룬다. 교차점 하나를 제거하면 풀린매듭으로 변형할 수 있다.

교차점이 4개인 매듭은 8자 모양으로 만들어지며 거울에 비치는 모습도 똑같다는 특징을 갖는다. 교차점이 7개인 매듭은 7가지, 교차점이 9개인 매듭은 수십 가지, 10개인 매듭은 수백 가지가 되어 매듭의 수가 교차점에 따라 기하급수적으로 증가하게 된다. 최근에는 교차점이 16

개 이하인 매듭을 1,701,936가지로 구분하고 있다.

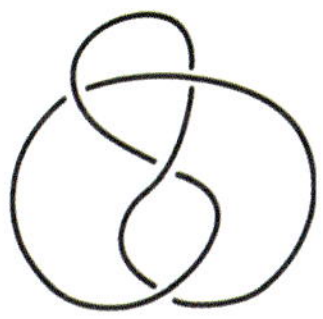

교차점이 4개인
8자 모양 매듭

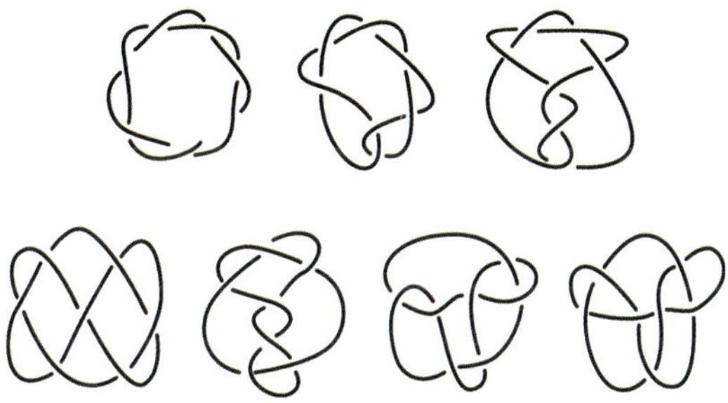

교차점이 7개인 매듭

보통 매듭을 그릴 때 앞의 그림과 같이 평면에 교차점에서 아래 위를 표시한 폐곡선으로 그린다. 이렇게 평면에 그려진 두 매듭이 언제 같아질지 알아내는 방법을 독일의 수학자 라이데마이스터(Reidemeister)가 도입하였다. 라이데마이스터 변형은 다음과 같이 세 가지 있다. 매듭에 이 변형을 가해도 매듭은 바뀌지 않으며, 또한 같은 매듭을 나타내는 서로 다른 매듭들은 항상 일련의 라이데마이스터 변형으로 서로 같게 만들 수 있다.

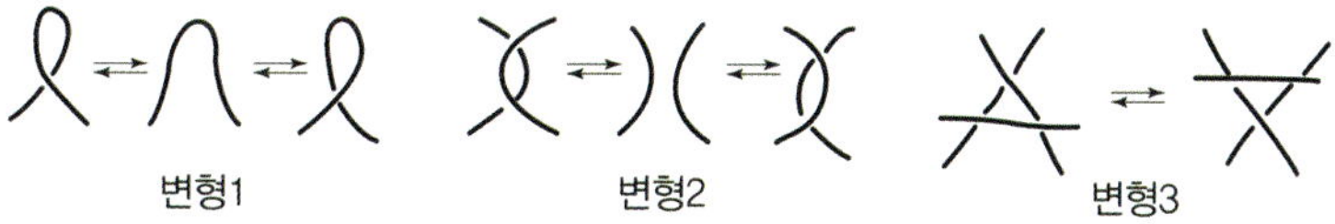

매듭이론을 학문으로 시작하게 된 동기는 '분자의 화학적 성질은 이를 구성하는 원자들이 어떻게 꼬여서 매듭을 이루고 있는가에 달려있다'는 켈빈(Kelvin)의 볼텍스 이론이다. 이처럼 매듭이론은 위상수학 뿐만 아니라 생물, 물리 등 여러 분야와 깊은 연관을 갖는다.

매듭의 분류는 3 · 4차원 공간의 분류 및 성질을 연구하는데 있어 중요한 역할을 한다. 그리고 매듭의 연구를 위해 사용되는 대수이론은 물리학의 양자이론을 연구하는데 사용되는 대수이론과 매우 유사하다.

또 매듭이론은 최첨단의 정보기술과 생명공학기술에도 응용되고 있다. 2000년 초반 매듭을 일목요연하게 표현하기 위해 연구된 군대수이론을 이용하여 새로운 암호화 방법이 고안되어 주목을 끈 바 있다. 따임군(Braid Group) 암호라 불리는 이 암호체계는 우리나라에서 개발된 최초의 독자적 암호 기반기술이다.

매듭이론은 유전자의 기하학적 구조를 연구하는 데에도 이용되고 있는데 DNA, RNA 사슬이 복제되는 과정을 설명한다. DNA는 이중나선으로 되어 있으면서 전체적으로 원 모양을 이룬다. 이때, DNA는 그 자체의 장력으로 인해 원 상태를 유지하지 못하고 휘감겨 꼬여서 뭉치게 되는데, 나선으로 된 전화 수화기 선이 서로 꼬여 뭉쳐있는 것을 연상하면 될 것이다. DNA가 복제를 할 때에는 이중나선이 분리되어야 하기 때문에 꼬인 DNA를 풀어야 한다. 이런 역할을 하는 것이 효소이다. 효소는 DNA의 적당한 부분을 끊고 복제가 끝난 후에는 다시 잇는 역할을 한다. 이 과정에서 효소는 최적 지점을 선택하여 최소한의 회수로 꼬인 이중나선을 끊는데, 매듭이론은 이러한 과정을 규명하는데 유용한 정보를 제공한다.

매듭은 과학에서 뿐만 아니라 인류 역사에서 오랫동안 역할을 수행해 왔다. 가장 유명한 매듭은 고르디온 매듭일 것이다. 고대 프리지아의 왕 고르디우스는 왕이 된 기념으로 고르디온 내 신전에 수레를 복잡하게 묶어 두고, 이 밧줄의 매듭을 푸는 사람이 동방을 지배한다고 예언하였다. 많은 사람들이 이 매듭을 풀고자 시도하였으나 성공하지 못하였다. 마침 알렉산더 대왕이 원정을 가다가 고르디온에 들려 단칼에 끊어버리는 방법으로 이 매듭을 풀고는 고대 오리엔트를 통일했다고 한다.

'고르디온의 매듭' 이야기는 아무리 애를 써도 해결하기 어려운 문제를 의미한다. 또 대담한 행동으로 복잡한 문제를 해결한다는 의미로도 전해진다.

생각하기 1

매듭을 움직이면서 모양을 바꾸어 가다보면 처음 매듭의 모양과 같은 매듭을 찾을 수 있다. 다음 4개의 매듭 중에 서로 같은 두 매듭을 찾고 그 이유를 쓰시오.

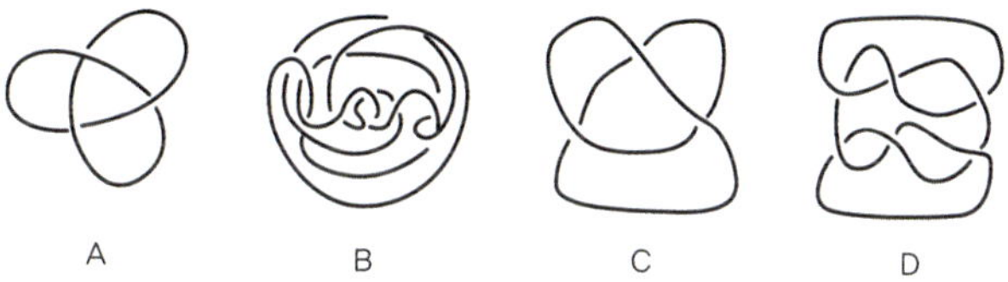

chapter 04 평균

데이터를 다루다보면 평균점수, 평균속도, 평균성장률 등 평균값이 필요할 때가 많다. 예를 들어 한 학급의 평균 수학 점수라면 전체 학생들의 수학 점수를 모두 더한 후 전체 학생 수로 나눈다. 이는 일상생활에서 흔히 쓰는 방법으로 '산술평균'이다. 주어진 자료가 어떤 값을 중심으로 분포되어 있는가를 나타내고자 할 때 주로 쓰인다.

한편 인구변동률, 물가상승률, 경제성장률 등과 같이 변화하는 비율을 나타낼 때는 주로 '기하평균'이 쓰인다. 예를 들어 경제성장률이 작년에 5%이고 올해 9%라면 연평균 경제성장률을 말할 때, 산술평균으로 $\frac{5+9}{2}$=7%가 아니라 기하평균으로 $\sqrt{5\times 9}$=6.71%라고 해야 옳다. 그래서 산술평균으로 말하면 경제성장률을 부풀린 셈이 된다. 두 양수 a, b의 기하평균은 $\sqrt{ab}$ 으로 구한다.

산술평균과 기하평균을 비교하면 두 양수 a, b에 대하여 기하평균보다 산술평균이 크다. 즉, $\sqrt{ab} \leq \frac{a+b}{2}$ 이다. 아래 그림을 보면 쉽게 알 수 있다.

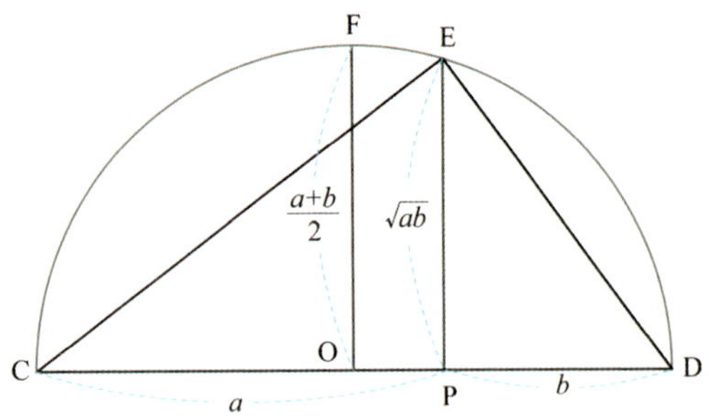

중심이 O인 반원을 그리고 지름 위에 한 점 P를 잡는다. 지름을 점 P를 기준으로 a와 b로 나누고, 점 P에서 수선을 그려 원과 만나는 점을 E라 하자. OF는 반지름이므로 길이가 $\frac{a+b}{2}$이고, 직각삼각형(반원에 내접하는 △CDE는 직각삼각형, △ECP, △DEP 또한 직각삼각형)의 닮음비를 이용하여 PE의 길이를 구하면 $\sqrt{ab}$이다. 점 P가 지름 위의 어느 점에 있든 PE는 OF보다 길이가 길어질 수 없다. 단, 점 P가 점 O와 일치할 때는 길이가 같아진다.

따라서 앞의 예와 같이 전년도의 간섭을 받는 경제성장률의 평균을 구할 때는 기하평균으로 구해야 하며, 산술평균으로 구하면 실제 평균값보다 더 크게 나올 수 있으므로 주의해야 한다.

또 다른 형태로 조화평균이 있다. 이는 두 양수 a, b에 대해서 $\frac{2ab}{a+b}$의 값을 갖는다. 예를 들어 같은 거리를 다른 속도로 오고 갈 때 평균속도를 구해보자. 1km의 거리를 시속 3km로 왔다가 시속 4km로 갔다고 하자. 평균속도는 1/(평균소요시간)이다. 평균소요시간은 전체소요시간 $\frac{1}{3}+\frac{1}{4}$을 2로 나눈다. 따라서 평균속도는 $\frac{2\times3\times4}{3+4}=\frac{24}{7}$이다.[13)]

조화평균은 산술평균과 기하평균보다 작다. 아래 그림과 같이 닮은 삼각형을 이용하여 길이를 구하면 세 평균을 쉽게 비교할 수 있다.

---

13) $\dfrac{1}{\dfrac{\frac{1}{3}+\frac{1}{4}}{2}}=\dfrac{2}{\dfrac{3+4}{3\times4}}=\dfrac{2\times3\times4}{3+4}=\dfrac{24}{7}$

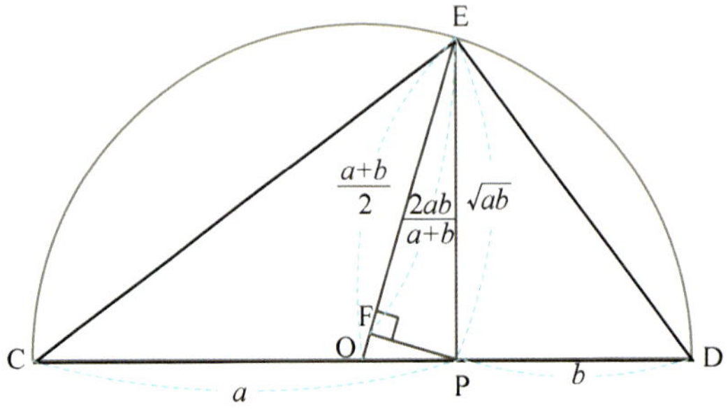

앞의 그림과 마찬가지로 위의 그림에서도 PE= $\sqrt{ab}$ 이고, OE는 반지름으로 $\frac{a+b}{2}$ 이다. 점 P에서 OE에 수선을 내리면 △PEF는 직각삼각형이고, EF의 길이를 구하면 $\frac{2ab}{a+b}$ 이다. 점 P가 지름 위 어느 점에 있든 EF의 길이는 PE와 OE보다 길어질 수 없다. 즉, $\frac{2ab}{a+b} \leq \sqrt{ab} \leq \frac{a+b}{2}$ 이다.

조화평균은 음악의 음계와 관련이 있다. 현악기에서 기준이 되는 현의 길이를 1이라 할 때, 길이를 1/2로 줄이면 한 옥타브 높은 음이 된다. 두 음의 중간음을 조화평균으로 구하면 $\frac{2 \times 1 \times \frac{1}{2}}{1+\frac{1}{2}} = \frac{1}{\frac{3}{2}} = \frac{2}{3}$ 이다. 한편, 현악기의 현의 길이를 2/3로 하면 5도 높은 음을 얻게 되는데 1도와 5도, 즉 도와 솔은 잘 어울리는 음이다.[14] 이처럼 조화평균은 조화로운 음을 만든다는 의미에서 붙여진 이름이라 한다.

---

14) 이 책의 '피타고라스 음계'에 현의 길이비와 음에 대한 설명을 참고하기 바란다.

생각하기 1

신문기사 등에서 산술평균, 기하평균, 조화평균이 사용된 예를 찾아 쓰시오.

생각하기 2

그 밖에 또 다른 맥락에서 쓰이는 평균을 찾아 설명하시오.

chapter
05 무리수

세상 만물을 수로 표현할 수 있다고 믿고 수에 관해 연구한 피타고라스 학파의 위대한 발견은 바로 피타고라스 정리이다. 이는 매우 간단해 보이는 정리이지만 가장 유용한 정리이기도 하다. "직각삼각형의 빗변을 한 변으로 하는 정사각형의 면적은 다른 두 변을 각각 한 변으로 하는 두 개의 정사각형의 면적의 합과 같다." 예를 들어 그림과 같이 직각삼각형의 직각을 낀 두 변이 3, 4라면 빗변의 길이는 5가 된다.

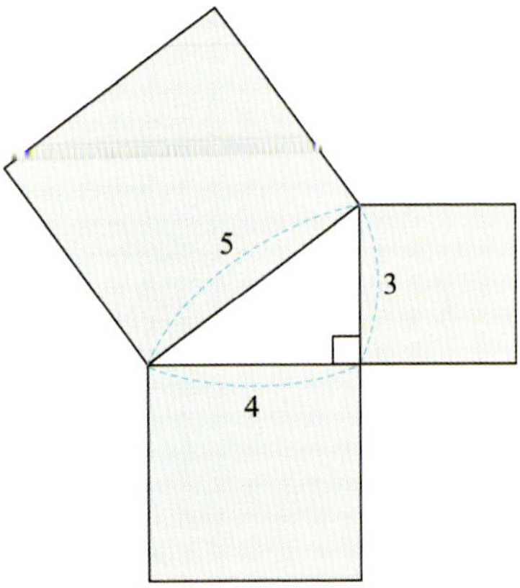

이 유명한 피타고라스의 정리로부터 신비롭고 알 수 없는 값을 가진 무리수가 발생하게 되어 피타고라스 학파는 대 혼란을 겪게 되었다.

네 변이 모두 1인 정사각형에서 대각선을 그으면 두 개의 삼각형이 만들어진다. 이 삼각형은 직각은 낀 두 변의 길이가 1인 직각삼각형이 된다. 이 대각선, 즉 직각삼각형의 빗변의 길이는 얼마인가? 피타고라스 정리를 적용하면 $1^2 + 1^2 = a^2$이다.

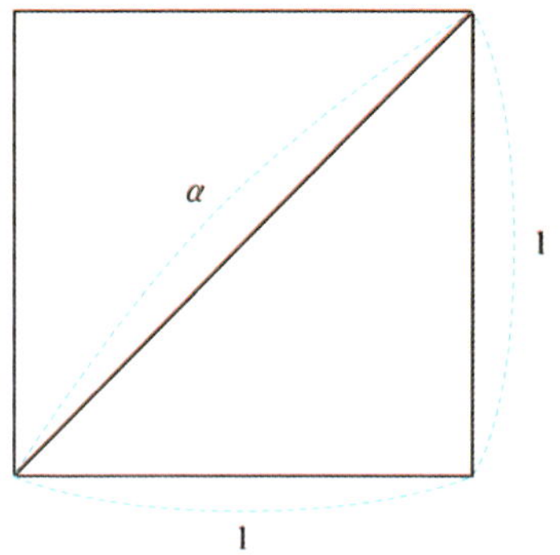

a가 바로 알고자 하는 빗변의 길이이다. 제곱하면 2가 되는 a를 찾아야 한다. a는 1보다는 클 것이다. 2를 제곱하면 4가 되므로 너무 크다. 1과 2 사이의 수 7/5을 제곱하면 1.96, 707/500을 제곱하면 1.999396, 7072/5000을 제곱하면 2.00052736 이 된다. 어떤 경우에도 정수의 비로 나타낼 수 있다고 믿고 있던 피타고라스 학파는 한 변의 길이가 1인 정사각형의 대각선의 길이는 정수의 비로 나타낼 수 없다는 사실을 받아들이기 어려웠다. 무리수를 받아들이게 되면 그동안 그들의 믿음이 모두 무너지는 것이므로 결국 말할 수 없다는 뜻의 알로곤(Alogon)이라 부르고[15], 이것의 존재를 누설하지 않기로 맹세했다. 그러나 진실은 언젠가 밝혀지게 되는 법이다. 피타고라스 학파의 일원이었던 히파수스(Hippasus)가 무리수의 비밀을 세상에 알리게 되고, 비밀을 지키지 못한 그는 피타고라스 학파에서 제명되었다. 히파수스는 얼마 후 잠시 항해를 떠나지만 바다에 빠져 숨졌는데, 피타고라스 학파 사람들에게 살해

15) 나중에 유리수(rational number)가 될 수 없기 때문에 무리수(irrational number)라 부르게 되었다.

당한 것이라는 이야기가 있다.

이렇게 무리수가 발견되었고, 직각을 낀 두 변의 길이가 1인 직각삼각형의 대각선의 길이는 $\sqrt{2}$ 이다.

한동안 $\sqrt{2}$ 가 사람들에게 알려진 유일한 무리수였다. 그 후 키레네 학파의 테오도루스(Theoudorus, BC. 425년 경)가 $\sqrt{3}$, $\sqrt{5}$, $\sqrt{6}$, $\sqrt{7}$, $\sqrt{8}$, $\sqrt{10}$, $\sqrt{11}$, $\sqrt{12}$, $\sqrt{13}$, $\sqrt{14}$, $\sqrt{15}$, $\sqrt{17}$ 도 무리수라는 사실을 밝혔다. 그림은 테오도루스가 3부터 17까지의 정수 중 정사각수가 아닌 모든 수가 무리수임을 증명하는데 이용한 테오도로스 나선이다.

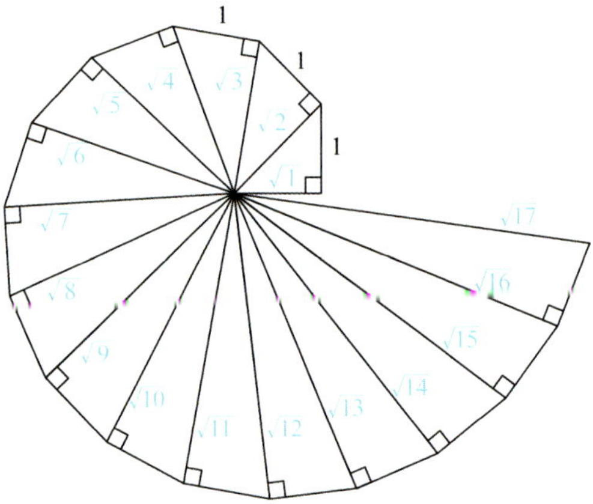

처음 빗변의 길이가 $\sqrt{2}$ 인 직각이등변 삼각형에서 수선을 그려 변의 길이 1을 잡으면, 두 변이 $\sqrt{2}$, 1인 직각삼각형의 빗변의 길이 $\sqrt{3}$ 을 작도할 수 있다. 같은 방법으로 수선을 그려 변의 길이 1을 잡으면 직각삼각형의 변의 길이를 $\sqrt{4}$, $\sqrt{5}$, $\sqrt{6}$, ⋯ 으로 작도할 수 있다. 테오도루스가 왜 $\sqrt{17}$ 에서 작도를 멈추었을까? 아마도 그 다음 $\sqrt{18}$ 을 작도할 수 없어서가 아니라 $\sqrt{18}$ 을 작도하려면 도형의 선들이 겹쳐지기 때문이 아니었을까 생각한다.

실제로 $\sqrt{2}$ 는 1.414213562373095... 으로 나타낸다. 무리수는 이와 같이 한없이 이어진다. 유리수와는 다르다. 예를 들어 유리수 4/7는 0.571428571428...이며, 소수점 아래 자리의 수가 계속 이어지지만 무리수와는 달리 소수점 아래 571428처럼 반복되는 패턴을 가지고 있다. 이와 같이 모든 유리수는 패턴을 가지지만 모든 무리수는 그렇지 않다. 그래서 무리수는 패턴이 있는 유리수와 유리수 사이의 공간에 존재한다고 볼 수 있다. 이러한 유리수를 수직선 위에 표시해보자. 어떤 유리수도 수직선 위의 한 점으로 나타낼 수 있다. 그렇다면 반대로 수직선 위의 임의의 점에는 반드시 유리수가 하나 대응될까? 그렇지 않다. 왜냐하면 아래 그림과 같이 수직선 위에 한 변의 길이가 1인 정사각형을 그리고, 이 정사각형의 대각선과 길이가 같은 점을 수직선 위에 잡으면, 이 점에 대응되는 유리수는 없기 때문이다. 이 점은 $\sqrt{2}$ 가 된다. 모든 유리수에 대응되는 점을 수직선 위에 빽빽하게 잡을 수 있지만, 이 점들은 절대로 선을 모두 다 채우지는 않는다. 틈이 있다는 것이다. 이 틈, 즉 어떤 유리수에도 대응되지 않는 점이 바로 무리수이고, 그 개수는 무한하다. 따라서 수직선은 유리수와 무리수 전체를 합한 실수에 대응하는 점으로 가득 메울 수 있다.

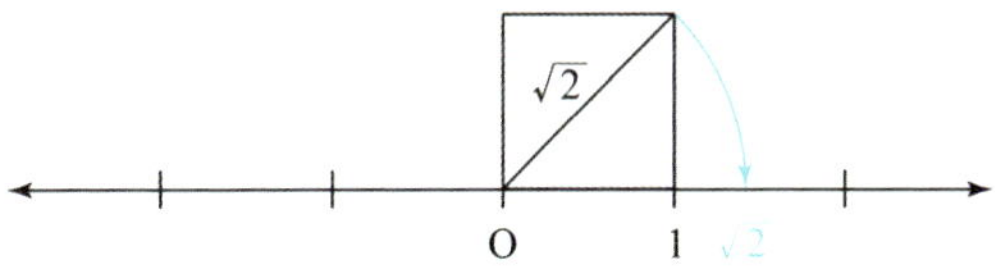

$\sqrt{2}$ 의 활용

사진은 렌즈를 통해 들어오는 빛으로 촬영이 가능한데, 빛의 양은 셔터 속도와 조리개 두 가지로 조절한다. 조리개는 렌즈로 들어오는 빛의 양을 조절하는 기능을 한다. 조리개를 닫으면 얇은 금속판들이 동그랗게 겹쳐 렌즈를 가리면서 빛이 적게 들어온다. 이때 조리개의 크기는 F값으로 표시하는데, 보통은 F 뒤에 1.4, 2, 2.8, 4, 5.6, 8, 11, 16, 22 등의 숫자가 쓰여 있다. F값이 작을수록 조리개가 많이 열려 들어오는 빛의 양이 많아지고, F값이 크면 조리개가 적게 열려 들어오는 빛의 양이 적어진다. F값의 수치는 얼핏 보면 불규칙하게 늘어서 있는 것처럼 보이지만 다음과 같이 $\sqrt{2}$ (=1.414⋯)와 관련된 규칙적인 값이다.

F1.4	F2	F2.8	F4	F5.6	F8	F11 [16]
⇓	⇓	⇓	⇓	⇓	⇓	⇓
$\sqrt{2}$	$\sqrt{4}$	$\sqrt{8}$	$\sqrt{16}$	$\sqrt{32}$	$\sqrt{64}$	$\sqrt{128}$

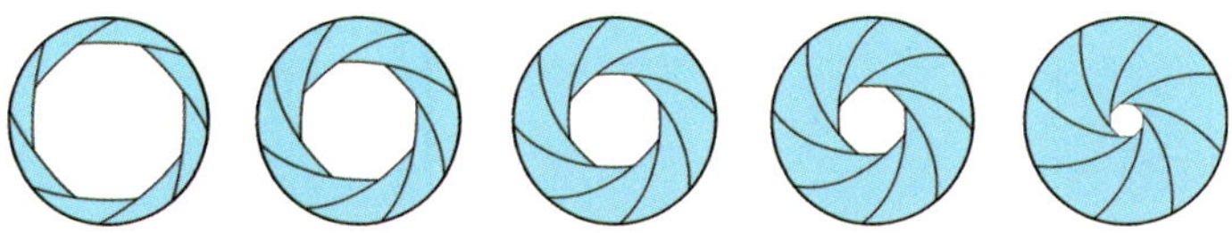

F 2　F 2.8　F 5.6　F 8　F 16

$\sqrt{2}$ 를 이용한 조리개의 F값은 무엇과 관계가 있는지 생각해 보자. F값은 빛을 받아들이는 부분의 넓이와 관계가 있다. 조리개가 완전히 열려 있을 때를 기준으로 하여 받는 빛의 양을 $\frac{1}{2}$ 로 감소시키려면 빛을 받는 부분의 지름을 얼마로 줄여야 할까?

F값은 (렌즈의 초점거리)/(빛을 받는 열린 부분의 지름)으로 구한다. 초점거리가 일정하다고 할 때, 통과하는 빛의 양을 반으로 줄이려면 빛을 받는 부분의 면적을 반으로 줄여야 한다. 조리개를 활짝 열었을 때 렌즈의 면적을 S_1 이라 하고, 조리개를 닫을 때 렌즈에서 열려져 있는 부분의 지

---

16) 카메라 조리개의 F값은 어림값으로 표시한 것이다. $\sqrt{2}=1.41421356...$ $\sqrt{8}=2.82842712...$ $\sqrt{31}=5.65685424...$ $\sqrt{128}=11.31370849...$

름을 반으로 줄일 때의 면적을 S_2라 하자. 그러면 각각 다음과 같은 식을 구할 수 있다.

$$S_1 = \pi \times (\text{반지름}) \times (\text{반지름})$$

$$S_2 = \pi \times \frac{(\text{반지름})}{2} \times \frac{(\text{반지름})}{2} = \frac{S_1}{4}$$

위 식에서 지름을 1/2 줄이면 넓이는 1/4 줄어든다는 것을 알 수 있다. 따라서 열리는 부분의 넓이를 1/2로 줄이려면 지름을 1/ $\sqrt{2}$ 로 줄여주어야 한다. 즉, 열리는 부분의 지름을 $\sqrt{2}$ 로 나누어야 한다.

그래서 빛의 양 100%를 1로 하면 다음과 같이 조리개의 F값이 $\sqrt{2}$ 배로 커질수록 빛의 양은 1/2씩 줄어든다.

F값	1.4	2	2.8	4	5.6
빛의 양	$\frac{1}{2}$	$\frac{1}{4}$	$\frac{1}{8}$	$\frac{1}{16}$	$\frac{1}{32}$

생각하기 1

실생활 및 다른 분야에서 무리수가 사용된 예를 찾아서 설명해보시오.

chapter
06 수의 단위

우리는 '많다', '크다' 등을 나타날 때 여러 가지 수를 사용하게 되는데, 그 수들은 실제 값보다는 상징적으로 쓰일 때가 많다.

구천(九天)은 가장 높은 하늘, 구중(九重)은 여러 겹이나 층을 이르는 말이고, 구우일모(九牛一毛)는 아홉 마리의 소 가운데 박힌 하나의 털이란 뜻으로 매우 많은 것 가운데 극히 적은 수를 이르는 말이다. 또 먼 나라를 구역(九譯)이라 하여 아홉 번이나 통역을 거쳐야 하는 곳으로 과장하기도 했다. 이는 십진수 중에 9가 가장 크기 때문일 것이다.

백, 천, 만, 억, 조 등의 단위는 실제로 큰 수를 나타낼 때 사용한다. 많은 학자들을 백가(百家)라 하며, 아주 먼 옛적을 천고(千古), 오래고 긴 세월을 천추(千秋)라 한다. 천리마(千里馬), 천리안(千里眼) 등으로 먼 거리를 나타내고, 자손만대(子孫萬代), 만고불변(萬古不變) 등으로 영원함을 타나낸다. 또한 천군만마(千軍輓馬), 억조창생(億兆蒼生)처럼 두 개의 수 단위를 함께 사용하여 '몹시' 많음을 나타낸다.

여러분이 알고 있는 가장 큰 수의 이름은 무엇인가?

우리가 사용하는 수의 단위는 일, 십, 백, 천, 만, 억, 조, 경, 해, 자, 양, 구, 간, 정, 재, 극, 항하사, 아승기, 나유타, 불가사의, 무량대수이다. 만의 만이 억이고, 억의 만이 조이다. 단위 하나가 올라갈 때마다 0이 4개씩 더해진다.

	1	0	0	0	0	0	0	0	0	0	0	0	0	0	0	0	0	0	0	0	0	0	0	0	0	0	0	0	0	0	0	0
…	천	백	십	일	천	백	십	일	천	백	십	일	천	백	십	일	천	백	십	일	천	백	십	일	천	백	십	일	천	백	십	일
				양				자				해				경				조				억				만				

현대에는 일상생활에서 억이나 조 단위를 넘어서는 수를 거의 사용하지 않지만 불교경전에는 큰 수들이 많이 등장하고 있다. 항하사(恒河沙)는 갠지스 강변(항하)의 모래알만큼의 수를 뜻한다. 너무 많아서 헤아릴 수 없다는 뜻의 무량대수(無量大數)는 1 다음에 0이 무려 68개가 붙는다. 무량대수보다 더욱 큰 절대적인 시간개념으로 '겁(劫)'이 있다. 이는 우주가 생겨나 멸망하기까지의 무한함을 뜻한다. 1겁은 가로, 세로, 높이가 각각 1유순(10km)인 바위에 천녀가 백년에 한 번씩 지나가면서 옷깃으로 스쳐 바위가 다 닳아 없어지는 시간을 의미하며, 또 같은 크기의 성 안에 겨자씨를 가득 채우고 백년마다 겨자씨를 하나씩 꺼내어 그것이 없어질 때까지의 시간이라는 것이다. 이 얼마나 큰 수인지 어림하기도 어려울 것이다. 그 다음으로는 10을 100번 곱한 수를 나타내는 '구골(googol)'이 있다. 겁과 구골은 1에서부터 자릿수를 따져가며 올라간 단위가 아니라 큰 수의 상징일 뿐이다. 구골은 1938년 미국의 수학자 에드워드 카스너의 9살짜리 조카 밀턴 시로타가 지은 이름이라 한다. 검색 사이트 'google'이란 단어의 유래가 바로 'googol'이다. 인터넷에 무수히 많은 웹페이지를 모두 검색하겠다는 뜻으로 구골의 이름을 사용하려다가 철자를 잘 못 쓴데서 구글이라는 이름이 시작되었다고 한다.

반대로 1보다 작은 수들인 0.1, 0.01, 0.001, … 에도 이름이 있다.

분, 리, 모, 사, 홀, 미, 섬, 사, 진, 애, 묘, 막, 모호, 준순, 수유, 순식, 탄지, 찰나, 육덕, 허공, 청정. 이러한 이름은 인도에서 생겨나 중국을 거쳐 우리나라에 전해진 것으로 불교와 밀접한 관계가 있다.

소수점 아래 단위 이름	소수로 표기
분	0.1
리	0.01
모	0.001
사	0.0001
홀	0.00001
미	0.000001
섬	0.0000001
사	0.00000001
진	0.000000001
애	0.0000000001
묘	0.00000000001
막	0.000000000001
모호	0.0000000000001
준순	0.00000000000001
수유	0.000000000000001
순식	0.0000000000000001
탄지	0.00000000000000001
찰나	0.000000000000000001
육덕	0.0000000000000000001
허공	0.00000000000000000001
청정	0.000000000000000000001

우리는 무언가 빨리 지나갈 때 '순식간에 지나갔다'라는 말을 한다. 순식은 10^{-16}으로 소수점 아래 16자리 까지 있는 수이다. 탄지(10^{-17})는 순식의 10분의 1이 되는 수이다. 그래서 아주 짧은 동안이나 세월의 아주 빠름을 얘기할 때 '탄지지간(彈指之間)'이라고 표현한다. 찰나는 수 크기로는 10^{-18}인데, 매우 짧은 시간의 단위로 사용한다. 손가락을 한번 퉁

기는 사이에 65찰나가 지나간다고 하니 얼마나 짧은 시간인가. 허공이란 아무것도 없는 공간을 가리키기도 하지만 수를 나타내기도 한다. 불교에서는 이 허공을 빛과 모양이 없는 상태를 가리키는 말로, 너무나 작은 나머지 아무것도 없는 것과 같다는 의미로 쓰인다.

이와 같이 우리가 평소 사용하는 단어들에 다양한 수들이 숨어 있다. 수를 알면 단어의 의미도 쉽게 알 수 있다.

생각하기 1

일상생활에서 수가 쓰이는 단어를 찾아 그 뜻을 설명해 보시오.

chapter

07 죄수의 딜레마

게임이론은 수학자이자 물리학자인 존 폰 노이만(John von Neumann, 1903~1957)에 의해 탄생한 응용수학의 한 분야이다. 게임이론은 경쟁 주체가 상대편의 대처행동을 고려하면서 자기의 이익을 효과적으로 달성하기 위해 수단을 합리적으로 선택하는 행동을 수학적으로 분석하는 이론으로 전쟁에서 적의 행동을 예측하거나 일상적인 경제 활동을 예측하는데 적용된다.

'죄수의 딜레마(prisoner's dilemma)'는 게임이론의 한 사례이다. 딜레마란 두 가지 상반되는 갈림길에서 어느 하나를 결정해야 하는데, 어느 쪽을 선택해도 바람직하지 못한 결과가 나오게 되는 곤란한 상황을 말한다. 이러한 상황에 처했을 때 우리는 '진퇴양난(進退兩難)에 빠졌다'라고도 한다. 죄수의 딜레마 상황은 다음과 같다.

폭행 현장에서 두 명의 혐의자가 체포되었다. 경찰은 두 혐의자에게 기타 범죄에 대한 자백을 받기 위해 각각 다른 방에서 심문하였다. 혐의자들이 서로 기타 범죄에 대해 의견을 나눌 수 없는 상황에서 경찰은 이들에게 제안한다.

첫째, 만약 한 사람이 자백하고 다른 사람이 부인하면 자백한 사람은 즉시 석방하고 혐의를 부인한 사람은 9년형이다.
둘째, 만약 두 사람 모두 자백하면 각각 5년형이다.
셋째, 만약 두 사람 모두 부인하면 폭행죄에 대해서만 1년형을 부과한다.

이러한 상황에서 혐의자들은 어떤 선택을 하게 될까?

두 혐의자를 A, B라 하고 혐의자 A 입장에서 생각해 보자. 범죄를 부인하는 경우, 혐의자 B가 부인하면 1년형을 받지만 혐의자 B가 자백하면 혐의자 A 혼자 9년형을 받게 된다. 만약 혐의자 A가 자백하는 경우, 혐의자 B가 부인하면 석방될 수 있지만 혐의자 B도 자백하게 되면 둘 다 5년형씩을 받게 된다. 두 명의 혐의자 A와 B가 선택할 수 있는 경우와 그에 따르는 보수로서 징역형을 (-)로 간단히 표시하면 다음과 같다. 이를테면 A가 부인하고 B가 자백하면 A는 -9이고, B는 석방되므로 0이다.

		혐의자 B	
		부인	자백
혐의자 A	부인	-1, -1	-9, 0
	자백	0, -9	-5, -5

이러한 상황에서 각 혐의자들에게 가장 유리한 선택은 무엇일까? 여러분이라면 어떤 선택을 하겠는가? 만약 내가 부인하더라도 상대가 배신하여 자백하면 나 혼자만 9년형을 받게 된다. 그러나 내가 자백할 경우 상대가 부인하면 석방될 수도 있고 상대가 자백한다 해도 5년형으로 9년형보다는 줄어든다. 각자의 입장에서 보면 상대의 선택 하에 본인에게 유리한 선택은 자백이다. 두 사람 모두 자신에게 가장 유리한 방향으로 자백을 선택하면 그 결과 각자 5년형을 받게 된다. 그런데 두 사람 모두 끝까지 부인한다면 모두 1년형으로 합이 2년으로 줄어든다. 이 상황에서는 자신에게 가장 유리한 전략을 선택한 결과 두 사람이 받는 형벌의 합은 10년으로 최악의 상태가 된다. 그래서 '죄수의 딜레마'라 하며, 협력적인 선택(부인)이 두 사람 모두에게 최선의 선택임에도 불구하고 자신의 이익에 치중한 선택(자백)으로 인해 서로에게 나쁜 결과를 야기

하는 현상을 설명하는 것이다.

위 상황에서 상대방이 내린 선택 하에 자신의 선택이 최선의 결과라는 결론에 이르면 이를 내쉬균형에 도달했다고 한다. 수학자 존 내쉬(John Nach)는 정신분열증을 극복하고 1994년 내쉬균형 이론으로 노벨 경제학상을 받았다. '내시균형'이란 상대방이 선택한 전략에 대해 자신에게 최선의 결과를 가져다주는 선택을 하고 상대방이 전략을 수정하지 않는다면 자신의 전략을 수정할 필요가 없는 균형을 이루는 상태를 말한다. 즉, 서로의 전략이 예측 가능할 때 자신의 이익을 최대화하는 전략을 선택하여 형성된 균형이다. 이 게임에서 볼 수 있듯이 내시균형이 이루어졌다고 해도 서로에게 가장 이득이 되는 최선의 결과가 아닌 최악의 결과가 초래될 수 있다.

한편, 애덤 스미스(Adam Smith)에 따르면 최고의 이익은 그룹안에서 자신을 위해 최선의 선택을 하면 된다. 즉 이익을 극대화하려는 개개인의 노력이 사회 전체를 이롭게 한다는 주장이다. 그러나 내쉬는 개인의 이익만을 추구하다보면 결과적으로 서로 손해를 입을 수 있다고 반격한 것이며, 최고의 이익은 자기 자신은 물론 소속된 집단을 위해서 최선을 다해야 함을 보여준 것이다.

생각하기 1

고슴도치 딜레마란 독일의 철학자 아더 쇼펜하우어가 쓴 우화에서 추위에 견디지 못하고 몸을 기대어 서로 온기를 나누던 두 마리의 고슴도치가 너무 가까워지면 서로의 가시에 찔리고 그렇다고 서로 너무 떨어져 있으면 추운 딜레마에 빠진다는 것에서 유래한 말이다. 이와 같은 딜레마 상황을 찾아보시오.

생각하기 해설

수학을 알면 다르게 보인다

01 정다면체

생각하기 1

해설

정다면체의 이름	꼭지점의 수 (vertex)	모서리의 수 (edge)	면의 수 (face)	$v-e+f$
정사면체	4	6	4	2
정육면체	8	12	6	2
정팔면체	6	12	8	2
정십이면체	20	30	12	2
정이십면체	12	30	20	2

$v-e+f=2$(오일러 공식)

생각하기 2

해설

정다각형은 오일러 공식 V-E+F=2를 만족해야 하며,
합동인 정다각형으로 이루어져 있고(즉, 각각의 면을 이루는 변의 개수가 같다), 한 꼭짓점에 모이는 모서리의 수가 같다.
모서리의 수(E)를 구하면,
각각의 면을 이루는 모서리 수를 $s(\geq 3)$라 할 때

$$E=\frac{sF}{2} \Rightarrow F=\frac{2E}{s}$$

한 꼭짓점에 모이는 모서리 수를 $c(\geq 3)$라 할 때

$$E = \frac{cV}{2} \Rightarrow V = \frac{2E}{c}$$

$$=> V - E + F = \frac{3E}{c} - E + \frac{2E}{s} = E\left(\frac{2}{c} + \frac{2}{s} - 1\right) = 2 \text{ 이다.}$$

그런데, $E > 0$이므로 $\frac{2}{c} + \frac{2}{s} - 1 > 0$이어야 한다.

그러므로 $\frac{2}{c} + \frac{2}{s} > 1$

$c \geq 3$, $s \geq 3$이므로 아래 표와 같이 c, s가 3 이상인 경우를 살펴보면 다섯 가지만 성립한다.

c	s	$\frac{2}{c}+\frac{2}{s}$	
3	3	$\frac{4}{3}$	정사면체
3	4	$\frac{14}{12}$	정육면체
4	3	$\frac{14}{12}$	정팔면체
3	5	$\frac{16}{15}$	정십이면체
5	3	$\frac{16}{15}$	정이십면체
3	6	1	
4	4	1	
4	5	$\frac{18}{20}$	

02 아르키메데스 다면체

생각하기 2

해설

정팔면체의 여섯 개 꼭짓점의 일부를 똑같이 잘라내면 잘린 면은 정사각형이 되고 원래의 정삼각형은 정육각형이 된다. 이렇게 만들어진 깎은 정팔면체는 정사각형 6개와 정육각형 8개 이루어져 있어서 주령구의 구조와 유사하다.

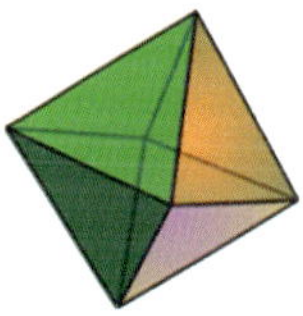

정팔면체

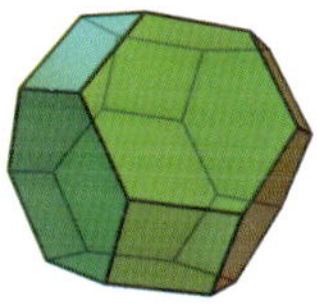

깎은 정팔면체

주령구

03 매듭이론

생각하기 1

해설

B와 C는 영매듭이다.

05 무리수

생각하기 1

해설

음악에서 평균율

평균율은 조옮김을 할 수 없는 건반 악기들과의 합주를 가능하게 한다. 도에서 시작하여 도로 끝나는 한 옥타브는 시작하는 도에서 반음씩 12번 올라가면 마지막 도가 된다. 한 옥타브 높은 도는 시작하는 도보다 진동수가 2배이다. 그래서 12개의 균등 비가 되도록 한다는 것은 반음이 올라가면 진동수가 $\sqrt[12]{2^1}$ 배가 된다는 것이다. 평균율의 음계는 다음과 같이 구성된다.

음계	도	올림 도	레	올림 레	미	파	올림 파	솔	올림 솔	라	올림 라	시	도
진동수	$\sqrt[12]{2^0}$ (=1)	$\sqrt[12]{2^1}$	$\sqrt[12]{2^2}$	$\sqrt[12]{2^3}$	$\sqrt[12]{2^4}$	$\sqrt[12]{2^5}$	$\sqrt[12]{2^6}$	$\sqrt[12]{2^7}$	$\sqrt[12]{2^8}$	$\sqrt[12]{2^9}$	$\sqrt[12]{2^{10}}$	$\sqrt[12]{2^{11}}$	$\sqrt[12]{2^{12}}$ (=2)

찾아보기

수학을 알면 다르게 보인다

ㄱ

ㄴ

ㄷ

ㄹ

ㅁ

ㅂ

ㅅ

ㅇ

ㅈ

ㅊ

ㅋ

A

N

P

S

기타